23년 출간 교재   24년 출간 교재

KB132511

영역	과목	교재	예비 초등 P1	P2	P3	1-2학년 1A	1B	2A	2B	3-4학년 3A	3B	4A	4B	5-6학년 5A	5B	6A	6B	예비중등 7A	7B
쓰기력	국어	한글 바로 쓰기	P1	P2	P3														
		(P1~3_활동 모음집)																	
쓰기력	국어	맞춤법 바로 쓰기				1A	1B	2A	2B										
어휘력	전 과목	어휘				1A	1B	2A	2B	3A	3B	4A	4B	5A	5B	6A	6B		
어휘력	전 과목	한자 어휘				1A	1B	2A	2B	3A	3B	4A	4B	5A	5B	6A	6B		
어휘력	영어	파닉스				1		2											
어휘력	영어	영단어								3A	3B	4A	4B	5A	5B	6A	6B		
독해력	국어	독해	P1		P2	1A	1B	2A	2B	3A	3B	4A	4B	5A	5B	6A	6B		
독해력	한국사	독해 인물편								1		2		3		4			
독해력	한국사	독해 시대편								1		2		3		4			
계산력	수학	계산				1A	1B	2A	2B	3A	3B	4A	4B	5A	5B	6A	6B	7A	7B
교과서 문해력	전 과목	개념어 +서술어				1A	1B	2A	2B	3A	3B	4A	4B	5A	5B	6A	6B		
교과서 문해력	사회	교과서 독해								3A	3B	4A	4B	5A	5B	6A	6B		
교과서 문해력	과학	교과서 독해								3A	3B	4A	4B	5A	5B	6A	6B		
교과서 문해력	수학	문장제 기본				1A	1B	2A	2B	3A	3B	4A	4B	5A	5B	6A	6B		
교과서 문해력	수학	문장제 발전				1A	1B	2A	2B	3A	3B	4A	4B	5A	5B	6A	6B		
창의·사고력	전 영역	창의력 키우기	1	2	3	4													

* 초등학생을 위한 영역별 배경지식 함양 <완자 공부력> 시리즈는 2024년부터 출간됩니다.

* 완자 공부력 신간은 계속해서 출간됩니다.

세상이 변해도
배움의 즐거움은
변함없도록

시대는 빠르게 변해도
배움의 즐거움은
변함없어야 하기에

어제의 비상은
남다른 교재부터
결이 다른 콘텐츠
전에 없던 교육 플랫폼까지

변함없는 혁신으로
교육 문화 환경의 새로운 전형을
실현해왔습니다.

비상은 오늘, 다시 한번
새로운 교육 문화 환경을 실현하기 위한
또 하나의 혁신을 시작합니다.

오늘의 내가 어제의 나를 초월하고
오늘의 교육이 어제의 교육을 초월하여
배움의 즐거움을 지속하는 혁신,

바로, 메타인지 기반 완전 학습을.

상상을 실현하는 교육 문화 기업 비상

메타인지 기반 완전 학습

초월을 뜻하는 meta와 생각을 뜻하는 인지가 결합한 메타인지는
자신이 알고 모르는 것을 스스로 구분하고 학습계획을 세우도록 하는
궁극의 학습 능력입니다. 비상의 메타인지 기반 완전 학습 시스템은
잠들어 있는 메타인지를 깨워 공부를 100% 내 것으로 만들도록 합니다.

공부로 이끄는 힘!

완자 공부력

교과서
문해력 **수학 문장제** | 기본 | **3B**
3학년

수학 문장제 기본 단계별 구성

1A	1B	2A	2B	3A	3B
9까지의 수	100까지의 수	세 자리 수	네 자리 수	덧셈과 뺄셈	곱셈
여러 가지 모양	덧셈과 뺄셈 (1)	여러 가지 도형	곱셈구구	평면도형	나눗셈
덧셈과 뺄셈	여러 가지 모양	덧셈과 뺄셈	길이 재기	나눗셈	원
비교하기	덧셈과 뺄셈 (2)	길이 재기	시각과 시간	곱셈	분수
50까지의 수	시계 보기와 규칙 찾기	분류하기	표와 그래프	길이와 시간	들이와 무게
	덧셈과 뺄셈 (3)	곱셈	규칙 찾기	분수와 소수	자료의 정리

수학 교과서 전 단원, 전 영역 문장제 문제를
쉽게 익히고 연습하여 문제 해결력을 길러요!

4A	4B	5A	5B	6A	6B
큰 수	분수의 덧셈과 뺄셈	자연수의 혼합 계산	수의 범위와 어림하기	분수의 나눗셈	분수의 나눗셈
각도	삼각형	약수와 배수	분수의 곱셈	각기둥과 각뿔	소수의 나눗셈
곱셈과 나눗셈	소수의 덧셈과 뺄셈	규칙과 대응	합동과 대칭	소수의 나눗셈	공간과 입체
평면도형의 이동	사각형	약분과 통분	소수의 곱셈	비와 비율	비례식과 비례배분
막대 그래프	꺾은선 그래프	분수의 덧셈과 뺄셈	직육면체	여러 가지 그래프	원의 둘레와 넓이
규칙 찾기	다각형	다각형의 둘레와 넓이	평균과 가능성	직육면체의 부피와 겉넓이	원기둥, 원뿔, 구

특징과 활용법

준비하기
단원별 2쪽, 가볍게 몸풀기

문장제 준비하기

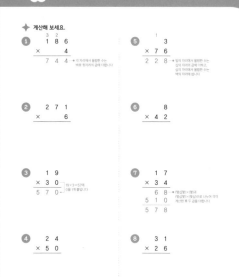

계산 문제나 기본 문제를
풀면서 개념을 확인해요!
잘 기억나지 않는 건
도움말을 보면서 떠올려요!

일차 학습
하루 4쪽, 문장제 학습

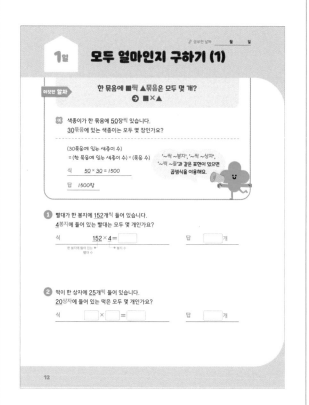

하루에 4쪽만 공부하면 끝!
이것만 알자 속 내용만 기억하면
풀이가 술술~

실력 확인하기
단원별 마무리하기와 총정리 실력 평가

마무리하기

앞에서 배운 문제를
풀면서 실력을 확인해요.
조금 더 어려운 도전 문제까지
성공하면 최고!

실력 평가

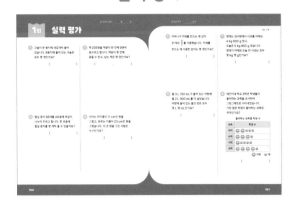

한 권을 모두 끝낸 후엔
실력 평가로 내 실력을 점검해요!
6개 이상 맞혔으면
발전편으로 GO!

정답과 해설

정답과 해설을 빠르게 확인하고,
틀린 문제는 다시 풀어요!
QR을 찍으면 모바일로도
정답을 확인할 수 있어요!

차례

1 곱셈

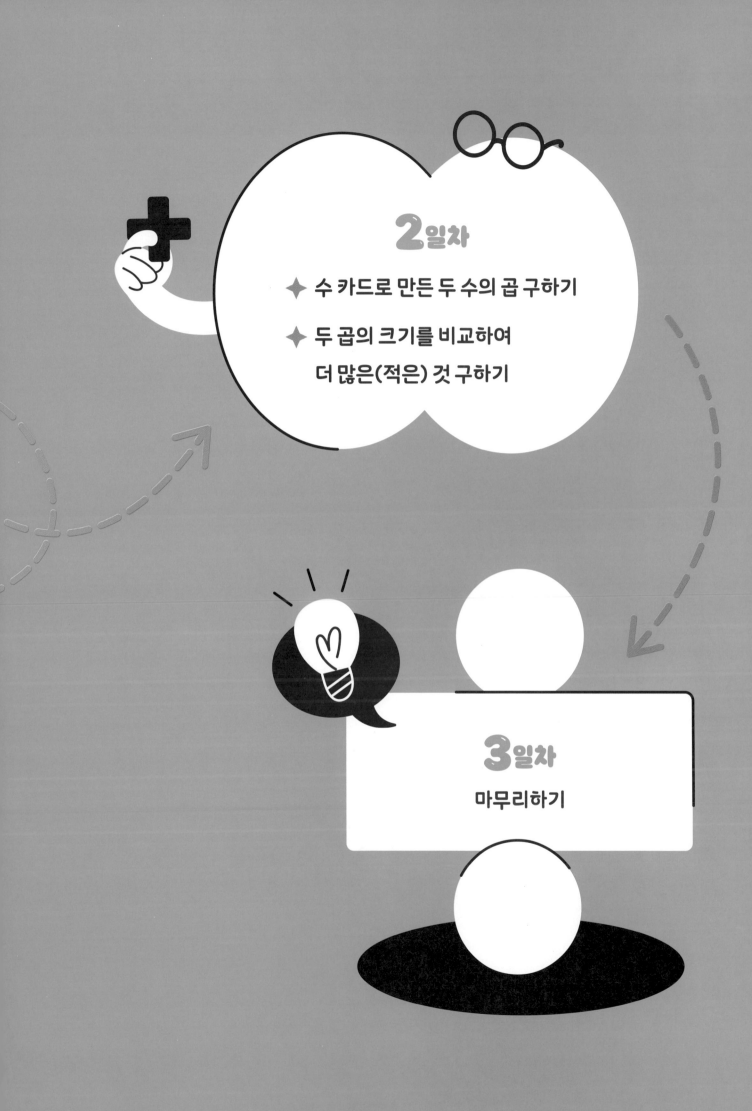

◆ **계산해 보세요.**

①
$$
\begin{array}{r}
\;\overset{3}{1}\;\overset{2}{8}\;6 \\
\times 4 \\
\hline
7\;4\;4
\end{array}
$$
→ 각 자리에서 올림한 수는 바로 윗자리의 곱에 더합니다.

②
$$
\begin{array}{r}
2\;7\;1 \\
\times 6 \\
\hline
\end{array}
$$

③
$$
\begin{array}{r}
1\;9 \\
\times \;3\;0 \\
\hline
5\;7\;0
\end{array}
$$
19×3=57에 0을 1개 붙입니다.

④
$$
\begin{array}{r}
2\;4 \\
\times \;5\;0 \\
\hline
\end{array}
$$

⑤
$$
\begin{array}{r}
\overset{1}{}\;3 \\
\times \;7\;6 \\
\hline
2\;2\;8
\end{array}
$$
→ 일의 자리에서 올림한 수는 십의 자리의 곱에 더하고, 십의 자리에서 올림한 수는 백의 자리에 씁니다.

⑥
$$
\begin{array}{r}
8 \\
\times \;4\;2 \\
\hline
\end{array}
$$

⑦
$$
\begin{array}{r}
1\;7 \\
\times \;3\;4 \\
\hline
6\;8 \\
5\;1\;0 \\
\hline
5\;7\;8
\end{array}
$$
→ (몇십몇)×(몇)과 (몇십몇)×(몇십)으로 나누어 각각 계산한 후 두 곱을 더합니다.

⑧
$$
\begin{array}{r}
3\;1 \\
\times \;2\;6 \\
\hline
\end{array}
$$

정답 2쪽

⑨ $127 \times 5 =$

⑭ $4 \times 38 =$

⑩ $249 \times 3 =$

⑮ $9 \times 27 =$

⑪ $536 \times 7 =$

⑯ $25 \times 36 =$

⑫ $36 \times 20 =$

⑰ $41 \times 12 =$

⑬ $49 \times 60 =$

⑱ $73 \times 24 =$

1일 모두 얼마인지 구하기 (1)

한 묶음에 ■씩 ▲묶음은 모두 몇 개?
➔ ■×▲

예 색종이가 한 묶음에 <u>50</u>장씩 있습니다.
<u>30</u>묶음에 있는 색종이는 모두 몇 장인가요?

(30묶음에 있는 색종이 수)
= (한 묶음에 있는 색종이 수) × (묶음 수)

식　　<u>50</u> × <u>30</u> = 1500

답　　<u>1500장</u>

'~씩 ~봉지', '~씩 ~상자',
'~씩 ~줄'과 같은 표현이 있으면
곱셈식을 이용해요.

1 빨대가 한 봉지에 <u>152</u>개씩 들어 있습니다.
<u>4</u>봉지에 들어 있는 빨대는 모두 몇 개인가요?

식　　　152 × 4 = [　　　]　　　답　　[　　　]개

한 봉지에 들어 있는 ●　●봉지 수
빨대 수

2 떡이 한 상자에 <u>25</u>개씩 들어 있습니다.
<u>20</u>상자에 들어 있는 떡은 모두 몇 개인가요?

식　　[　　] × [　　] = [　　　]　　　답　　[　　　]개

왼쪽 **①**, **②**번과 같이 문제의 핵심 부분에 색칠하고,
계산해야 하는 두 수에 밑줄을 그어 문제를 풀어 보세요.

③ 배가 한 상자에 13개씩 들어 있습니다.
37상자에 들어 있는 배는 모두 몇 개인가요?

식 _____ 답 _____

④ 한 대에 5명씩 탈 수 있는 자동차가 있습니다.
이 자동차 62대에 탈 수 있는 사람은 모두 몇 명인가요?

식 _____ 답 _____

⑤ 사탕이 한 봉지에 34개씩 들어 있습니다.
56봉지에 들어 있는 사탕은 모두 몇 개인가요?

식 _____

답 _____

⑥ 어느 공연장에는 의자가 한 줄에 45개씩 놓여 있습니다.
74줄에 놓여 있는 의자는 모두 몇 개인가요?

식 _____ 답 _____

모두 얼마인지 구하기 (2)

하루에(매일) ■씩 ▲일 동안
➔ ■×▲

예 현이는 동화책을 하루에 **80**쪽씩 **14**일 동안 읽었습니다.
현이가 읽은 동화책은 모두 몇 쪽인가요?

(현이가 14일 동안 읽은 동화책의 쪽수)
= (하루에 읽은 동화책의 쪽수) × (날수)

식 $80 × 14 = 1120$ 답   1120쪽

---

1 지수는 줄넘기를 매일 **56**회씩 **15**일 동안 했습니다.
지수는 줄넘기를 모두 몇 회 했나요?

식 $56 × 15 = \boxed{}$ 답 $\boxed{}$회

     하루에 한 줄넘기 수 ●━━┘   └━● 날수

---

2 도윤이는 운동회 연습을 위해 매일 **130** m씩 일주일 동안 달렸습니다. (┌ 7일)
도윤이가 달린 거리는 모두 몇 m인가요?

식 $\boxed{} × \boxed{} = \boxed{}$ 답 $\boxed{}$ m

정답 3쪽

왼쪽 **1**, **2**번과 같이 문제의 핵심 부분에 색칠하고,
계산해야 하는 두 수에 <u>밑줄</u>을 그어 문제를 풀어 보세요.

3 서빈이는 자전거를 하루에 43분씩 23일 동안 탔습니다.
서빈이는 자전거를 모두 몇 분 탔을까요?

식 _____ 답 _____

4 형주는 매일 170 m씩 6일 동안 수영 연습을 했습니다.
형주가 수영 연습을 한 거리는 모두 몇 m인가요?

식 _____ 답 _____

5 코끼리는 하루에 145 km씩 걸을 수 있습니다.
코끼리가 9일 동안 걸을 수 있는 거리는 몇 km인가요?

식 _____ 답 _____

6 호랑이가 하루에 16시간씩 잔다고 할 때, 2주 동안
호랑이가 자는 시간은 모두 몇 시간인가요?

● 2주＝14일

식 _____

답 _____

2일 수 카드로 만든 두 수의 곱 구하기

이것만 알자

가장 큰 수 ➡ 높은 자리에 큰 수부터 차례대로 놓기
가장 작은 수 ➡ 높은 자리에 작은 수부터 차례대로 놓기

예 수 카드 4장을 한 번씩만 사용하여 가장 큰 두 자리 수와
가장 작은 두 자리 수를 만들었습니다. 만든 두 수의 곱을 구해 보세요.

1 **3** **5** **8**

가장 큰 두 자리 수: 85
　　　　　　➡
　　　큰 수부터 차례대로

가장 작은 두 자리 수: 13
　　　　　　➡
　　작은 수부터 차례대로

식　　　85 × 13 = 1105

답　　　1105

---

1 수 카드 4장을 한 번씩만 사용하여 가장 큰 두 자리 수와 가장 작은 두 자리 수를
만들었습니다. 만든 두 수의 곱을 구해 보세요.

1 **2** **4** **7**

식　　　74 × 12 = [　　]
　　　만들 수 있는 ●　└● 만들 수 있는
　　가장 큰 두 자리 수　　가장 작은 두 자리 수

답　[　　]

---

2 수 카드 4장 중 3장을 사용하여 가장 큰 세 자리 수를 만들었습니다.
만든 세 자리 수와 남은 수 카드에 있는 수의 곱을 구해 보세요.

2 **3** **6** **9**

식　　　963 × 2 = [　　]
　　　만들 수 있는 ●　└● 남은 수 카드에 있는 수
　　가장 큰 세 자리 수

답　[　　]

왼쪽 ❶, ❷번과 같이 문제의 핵심 부분에 색칠하고,
문제를 풀어 보세요.

정답 3쪽

❸ 수 카드 4장을 한 번씩만 사용하여 가장 큰 두 자리 수와 가장 작은 두 자리 수를
만들었습니다. 만든 두 수의 곱을 구해 보세요.

식 _____   답 _____

❹ 수 카드 4장 중 3장을 사용하여 가장 큰 세 자리 수를 만들었습니다.
만든 세 자리 수와 남은 수 카드에 있는 수의 곱을 구해 보세요.

식 _____   답 _____

❺ 수 카드 4장을 한 번씩만 사용하여 가장 큰 두 자리 수와 가장 작은 두 자리 수를
만들었습니다. 만든 두 수의 곱을 구해 보세요.

식 _____   답 _____

두 곱의 크기를 비교하여 더 많은(적은) 것 구하기

이것만 알자

15씩 42묶음과 22씩 30묶음 중에서 더 많은 것은?
➡ **15 × 42와 22 × 30 중에서 더 큰 수 구하기**

예 참외는 한 상자에 <u>15</u>개씩 <u>42</u>상자 있고, 자두는 한 상자에 <u>22</u>개씩 <u>30</u>상자 있습니다. 더 많은 과일은 무엇인가요?

(참외 수) = <u>15</u> × <u>42</u> = 630(개)

(자두 수) = <u>22</u> × <u>30</u> = 660(개)

➡ 630 < 660이므로

더 많은 과일은 자두입니다.

더 적은 것을 구할 때는
두 곱을 비교하여 더 작은 수를 구해요.

답 자두

------

1 책을 명희는 하루에 <u>112</u>쪽씩 <u>4</u>일 동안 읽었고,
민수는 하루에 <u>161</u>쪽씩 <u>3</u>일 동안 읽었습니다.
책을 더 적게 읽은 사람은 누구인가요?

풀이

(명희가 읽은 책의 쪽수) = 112 × 4 = ☐ (쪽)

(민수가 읽은 책의 쪽수) = 161 × 3 = ☐ (쪽)

➡ ☐ < ☐ 이므로 책을 더 적게 읽은 사람은 ☐ 입니다.

답 ☐

정답 4쪽

왼쪽 ❶번과 같이 문제의 핵심 부분에 색칠하고,
계산해야 하는 수들에 밑줄을 그어 문제를 풀어 보세요.

2 구슬을 성재는 한 봉지에 235개씩 5봉지에 담았고, 민혜는 한 봉지에 174개씩
8봉지에 담았습니다. 구슬을 더 많이 담은 사람은 누구인가요?

풀이

답 _____

3 시후와 현지는 텃밭에 심을 오이 씨앗을 샀습니다.
씨앗을 더 적게 산 사람은 누구인가요?

한 봉지에 27개씩
들어 있는 오이 씨앗을
14봉지 샀어.

시후

현지

한 봉지에 32개씩
들어 있는 오이 씨앗을
11봉지 샀어.

풀이

답 _____

4 놀이공원의 대관람차에는 한 칸에 8명씩 탈 수 있는 칸이 24칸 있고, 해적선에는
한 줄에 9명씩 탈 수 있는 칸이 19줄 있습니다. 대관람차와 해적선 중 한 번에
탈 수 있는 사람 수가 더 많은 놀이 기구는 어느 것인가요?

풀이

답 _____

3일 마무리하기

12쪽

1 공깃돌이 한 통에 135개씩 들어 있습니다. 6통에 들어 있는 공깃돌은 모두 몇 개인가요?

(   )

12쪽

3 운동장에 학생들이 한 줄에 26명씩 30줄로 서 있습니다. 운동장에 서 있는 학생은 모두 몇 명인가요?

(   )

12쪽

2 사과를 한 봉지에 7개씩 29봉지에 담았습니다. 봉지에 담은 사과는 모두 몇 개인가요?

(   )

14쪽

4 승아는 동화책을 하루에 85쪽씩 12일 동안 읽었습니다. 승아가 읽은 동화책은 모두 몇 쪽인가요?

(   )

정답 4쪽

14쪽

5 형식이는 매일 270 m씩 5일 동안 달리기 연습을 했습니다. 형식이가 달리기 연습을 한 거리는 모두 몇 m인가요?

(   )

16쪽

6 수 카드 4장을 한 번씩만 사용하여 가장 큰 두 자리 수와 가장 작은 두 자리 수를 만들었습니다. 만든 두 수의 곱을 구해 보세요.

3   **9**   **0**   **4**

(   )

18쪽

7 호두는 한 상자에 62개씩 17상자 있고, 땅콩은 한 상자에 58개씩 24상자 있습니다. 호두와 땅콩 중 더 많은 것은 어느 것인가요?

(   )

8 18쪽

도전 문제

현서네 학교는 한 반에 24명씩 31개 반이 있고, 민지네 학교는 한 반에 22명씩 35개 반이 있습니다. 누구네 학교 학생이 몇 명 더 많은지 구해 보세요.

❶ 현서네 학교 학생 수

→ (   )

❷ 민지네 학교 학생 수

→ (   )

❸ ☐ 안에 알맞은 수나 말 써넣기

☐ 네 학교 학생이

☐ 명 더 많습니다.

2 나눗셈

준비
계산으로
문장제 준비하기

4일차

✦ 똑같이 나누면
   몇 개씩인지 구하기

✦ 같은 양이 몇 번인지 구하기

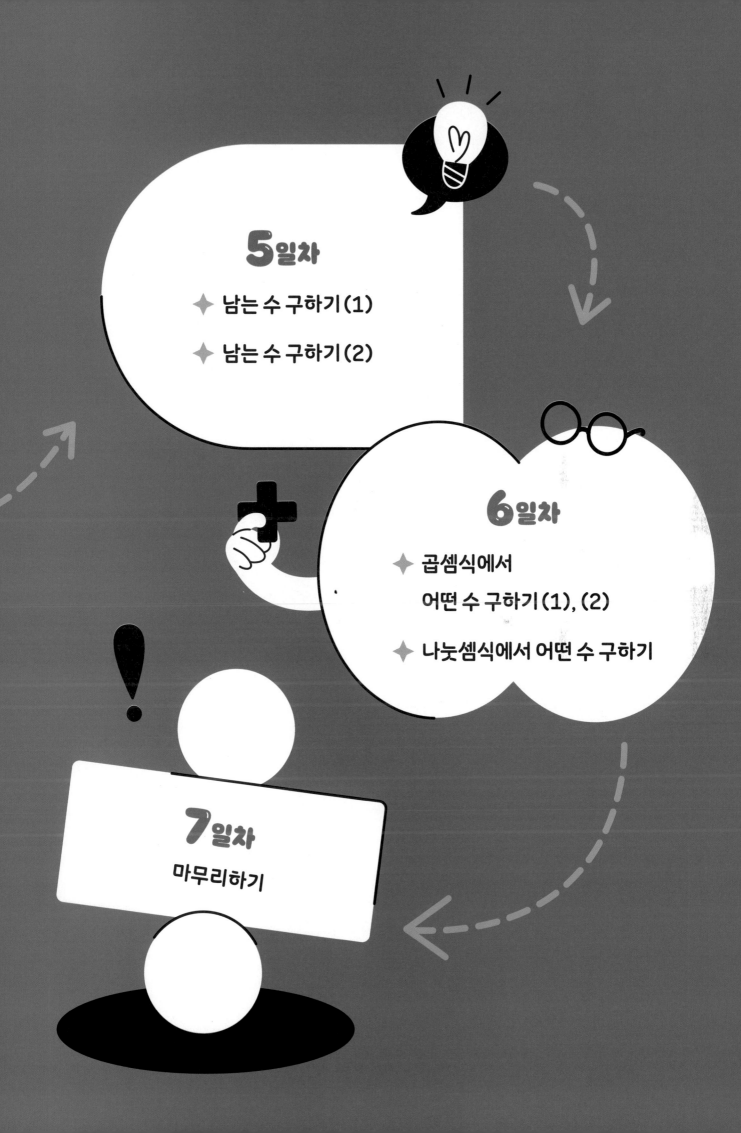

 계산해 보세요.

1
```
      1 5
  2 ) 3 0
      2
      1 0
      1 0
        0
```
→ 나누어지는 수의 십의 자리부터
순서대로 나눕니다.

2
```
  7 ) 9 1
```

3
```
  5 ) 5 2
```

4
```
  6 ) 7 3
```

5
```
      1 2 0
  3 ) 3 6 0
      3
        6
        6
        0
```
→ 나누어지는 수의 백의 자리부터
순서대로 나눕니다.

6
```
  6 ) 5 0 4
```

7
```
  2 ) 3 2 9
```

8
```
  9 ) 4 6 2
```

정답 5쪽

9 $64 \div 2 =$

10 $56 \div 4 =$

11 $19 \div 5 =$

12 $62 \div 6 =$

13 $85 \div 9 =$

14 $135 \div 3 =$

15 $456 \div 4 =$

16 $273 \div 5 =$

17 $342 \div 8 =$

18 $506 \div 7 =$

4일 똑같이 나누면 몇 개씩인지 구하기

이것만 알자

■를 ▲묶음으로 똑같이 나누기
➡ ■ ÷ ▲

예 학생 **39**명을 **3**모둠으로 똑같이 나누려고 합니다.
한 모둠은 몇 명씩인가요?

(한 모둠의 학생 수)
 = (전체 학생 수) ÷ (모둠 수)

식 $39 ÷ 3 = 13$ **답**   13명

---

1 책 **90**권을 책꽂이 **6**칸에 똑같이 나누어 꽂으려고 합니다.
책꽂이 한 칸에 책을 몇 권씩 꽂을 수 있을까요?

식 $90 ÷ 6 =$ ☐   **답**   ☐ 권
             전체 책 수 ●⎯⏋ ⎿⎯● 책꽂이의 칸 수

---

2 동물 카드 **65**장을 **5**명에게 똑같이 나누어 주려고 합니다.
한 명에게 동물 카드를 몇 장씩 줄 수 있을까요?

식   ☐ ÷ ☐ = ☐   **답**   ☐ 장

정답 5쪽

왼쪽 ❶, ❷번과 같이 문제의 핵심 부분에 색칠하고, 계산해야 하는 두 수에 밑줄을 그어 문제를 풀어 보세요.

❸ 공 60개를 바구니 4개에 똑같이 나누어 담으려고 합니다. 한 바구니에 공을 몇 개씩 담을 수 있을까요?

식 _____ 답 _____

❹ 학생 42명이 버스 3대에 똑같이 나누어 타려고 합니다. 버스 한 대에 몇 명씩 탈 수 있을까요?

식 _____ 답 _____

❺ 곶감 82개를 상자 2개에 똑같이 나누어 담으려고 합니다. 한 상자에 곶감을 몇 개씩 담아야 할까요?

식 _____ 답 _____

❻ 180쪽짜리 책을 4일 동안 똑같이 나누어 읽으려고 합니다. 하루에 몇 쪽씩 읽어야 할까요?

식 _____

답 _____

같은 양이 몇 번인지 구하기

■를 한 묶음에 ▲씩 나누기
➔ ■ ÷ ▲

예 엽서 84장을 한 명에게 4장씩 주면 몇 명에게 나누어 줄 수 있을까요?

- -

(나누어 줄 수 있는 사람 수)

= (전체 엽서 수) ÷ (한 명에게 주는 엽서 수)

식   84 ÷ 4 = 21   답   21명

---

1 배 32개를 상자 한 개에 2개씩 담으려고 합니다. 상자는 몇 개 필요할까요?

식   32 ÷ 2 = ☐   답 ☐ 개

        전체 배의 수 ●┘   └● 상자 한 개에 담는 배의 수

---

2 군밤 57개를 한 명에게 3개씩 주면 몇 명에게 나누어 줄 수 있을까요?

식   ☐ ÷ ☐ = ☐   답 ☐ 명

왼쪽 ❶, ❷ 번과 같이 문제의 핵심 부분에 색칠하고,
계산해야 하는 두 수에 밑줄을 그어 문제를 풀어 보세요.

정답 6쪽

3 딸기 24개를 한 명에게 2개씩 주면 몇 명에게 나누어 줄 수 있을까요?

식 _____ 답 _____

4 72쪽짜리 동화책을 매일 6쪽씩 읽으려고 합니다.
동화책을 다 읽으려면 며칠이 걸릴까요?

식 _____ 답 _____

5 튤립이 120송이 있습니다. 튤립을 8송이씩 묶어 꽃다발을 만들면
몇 개의 꽃다발을 만들 수 있을까요?

식 _____ 답 _____

6 학생 175명이 한 번에 7명씩 달리기를 하려고 합니다.
학생들이 모두 달리기를 하려면 달리기를 몇 번 해야
할까요?

식 _____

답 _____

5일 남는 수 구하기 (1)

이것만 알자

남는 ~은 몇 개
➡ 나눗셈의 나머지 구하기

예 주스 41병을 상자 2개에 똑같이 나누어 담으려고 합니다.
상자 한 개에 주스를 몇 병씩 담을 수 있고, 남는 주스는 몇 병인가요?

- -

(전체 주스 수) ÷ (상자 수)의 몫이 상자 한 개에 담을 수 있는 주스의 수이고,
나머지는 남는 주스의 수입니다.

식 $41 \div 2 = 20 \cdots 1$

답   20병   , 남는 주스의 수   1병

---

① 달걀 39개를 바구니 5개에 똑같이 나누어 담으려고 합니다.
한 바구니에 달걀을 몇 개씩 담을 수 있고, 남는 달걀은 몇 개인가요?

식 $39 \div 5 = \boxed{} \cdots \boxed{}$

전체 달걀 수 ●┘ └● 바구니 수

답 $\boxed{}$개   , 남는 달걀의 수 $\boxed{}$개

---

② 도화지 86장을 7모둠에 똑같이 나누어 주려고 합니다.
한 모둠에 도화지를 몇 장씩 줄 수 있고, 남는 도화지는 몇 장인가요?

식 $\boxed{} \div \boxed{} = \boxed{} \cdots \boxed{}$

답 $\boxed{}$장   , 남는 도화지의 수 $\boxed{}$장

정답 6쪽

왼쪽 ❶, ❷번과 같이 문제의 핵심 부분에 색칠하고,
계산해야 하는 두 수에 밑줄을 그어 문제를 풀어 보세요.

3 색연필 21자루를 5명에게 똑같이 나누어 주려고 합니다.
한 명에게 색연필을 몇 자루씩 줄 수 있고, 남는 색연필은 몇 자루인가요?

식 _____

답 _____ , 남는 색연필의 수 _____

4 고구마 67개를 4봉지에 똑같이 나누어 담으려고 합니다.
한 봉지에 고구마를 몇 개씩 담을 수 있고, 남는 고구마는
몇 개인가요?

식 _____

답 _____ , 남는 고구마의 수 _____

5 사탕 250개를 6개 반에 똑같이 나누어 주려고 합니다.
한 반에 사탕을 몇 개씩 줄 수 있고, 남는 사탕은 몇 개인가요?

식 _____

답 _____ , 남는 사탕의 수 _____

남는 수 구하기 (2)

남는 ~은 몇 개
→ 나눗셈의 나머지 구하기

예 무지개떡 <u>37</u>개를 상자 한 개에 <u>5</u>개씩 담으려고 합니다.
상자 몇 개에 나누어 담을 수 있고, 남는 떡은 몇 개인가요?

- -

(전체 무지개떡 수) ÷ (상자 한 개에 담는 무지개떡 수)의 몫이
나누어 담을 수 있는 상자 수이고, 나머지는 남는 떡의 수입니다.

식 ___ $37 \div 5 = 7 \cdots 2$ ___

답 ___ 7개 ___ , 남는 떡의 수 ___ 2개 ___

① 비누 52개를 한 반에 3개씩 주려고 합니다.
몇 개 반에 나누어 줄 수 있고, 남는 비누는 몇 개인가요?

식 ___ $52 \div 3 = \boxed{} \cdots \boxed{}$ ___

전체 비누 수 ●┘ └● 반 수

답 ___ $\boxed{}$ 개 ___ , 남는 비누의 수 ___ $\boxed{}$ 개 ___

② 공책 275권을 한 묶음에 9권씩 묶으려고 합니다.
공책은 몇 묶음이 되고, 남는 공책은 몇 권인가요?

식 ___ $\boxed{} \div \boxed{} = \boxed{} \cdots \boxed{}$ ___

답 ___ $\boxed{}$ 묶음 ___ , 남는 공책의 수 ___ $\boxed{}$ 권 ___

정답 7쪽

왼쪽 ①, ② 번과 같이 문제의 핵심 부분에 색칠하고,
계산해야 하는 두 수에 밑줄을 그어 문제를 풀어 보세요.

③ 빨대 16개를 한 모둠에 6개씩 주려고 합니다.
빨대를 몇 모둠에 나누어 줄 수 있고, 남는 빨대는 몇 개인가요?

식 _____

답 _____ , 남는 빨대의 수 _____

④ 감 50개로 곶감을 만들려고 합니다. 한 줄에 감을 4개씩 매달면
몇 줄까지 매달 수 있고, 남는 감은 몇 개인가요?

식 _____

답 _____ , 남는 감의 수 _____

⑤ 포도 362 kg을 한 상자에 8 kg씩 포장하려고 합니다.
상자 몇 개에 포장할 수 있고, 남는 포도는 몇 kg인가요?

식 _____

답 _____ , 남는 포도의 양 _____

6일 곱셈식에서 어떤 수 구하기 (1)

이것만 알자

어떤 수(□)에 2를 곱했더니 46 ➡ □×2=46

나눗셈식으로 나타내면 ➡ 46÷2=□

예 어떤 수에 2를 곱했더니 46이 되었습니다. 어떤 수는 얼마인가요?

❶ 어떤 수를 □라 하여 곱셈식을 만듭니다.

□ × 2 = 46

❷ 곱셈식을 나눗셈식으로 나타내어 어떤 수를 구합니다.

□ × 2 = 46 ➡ 46 ÷ 2 = □, □ = 23

답   23

① 어떤 수에 4를 곱했더니 52가 되었습니다. 어떤 수는 얼마인가요?

풀이

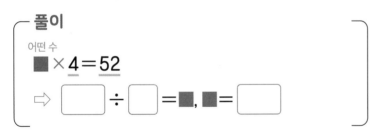

답

② 어떤 수에 5를 곱했더니 315가 되었습니다. 어떤 수는 얼마인가요?

풀이

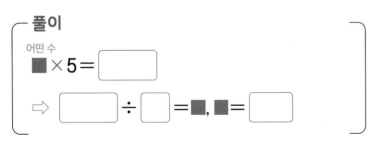

답

곱셈식에서 어떤 수 구하기 (2)

이것만 알자

3에 어떤 수(□)를 곱했더니 90 ➡ 3×□=90
나눗셈식으로 나타내면 ➡ 90÷3=□

예 3에 어떤 수를 곱했더니 90이 되었습니다. 어떤 수는 얼마인가요?

---

❶ 어떤 수를 □라 하여 곱셈식을 만듭니다.

3 × □ = 90

❷ 곱셈식을 나눗셈식으로 나타내어 어떤 수를 구합니다.

3 × □ = 90 ⇨ 90 ÷ 3 = □, □ = 30

답 ___30___

---

1 6에 어떤 수를 곱했더니 84가 되었습니다. 어떤 수는 얼마인가요?

풀이

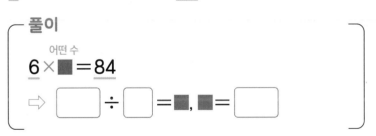

답 _____

---

2 7에 어떤 수를 곱했더니 413이 되었습니다. 어떤 수는 얼마인가요?

풀이

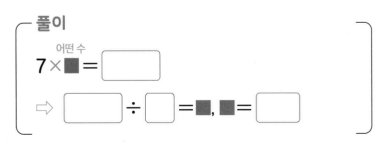

답 _____

나눗셈식에서 어떤 수 구하기

어떤 수(□)를 2로 나누었더니 몫이 6, 나머지는 1
➡ □÷2=6⋯1

예 어떤 수를 2로 나누었더니 몫이 6, 나머지는 1이 되었습니다.
어떤 수는 얼마인가요?

❶ 어떤 수를 □라 하여 나눗셈식을 만듭니다.

□ ÷ 2 = 6 ⋯ 1

❷ 나누는 수와 몫의 곱에 나머지를 더하여 어떤 수(나누어지는 수)를 구합니다.

2 × 6 = 12, 12 + 1 = 13

답   13

1 어떤 수를 3으로 나누었더니 몫이 10, 나머지는 2가 되었습니다.
어떤 수는 얼마인가요?

풀이

어떤 수
■ ÷ 3 = 10 ⋯ 2

⇨ 3 × ☐ = ☐ , ☐ + ☐ = ☐   답 ☐

2 어떤 수를 4로 나누었더니 몫이 15, 나머지는 3이 되었습니다.
어떤 수는 얼마인가요?

풀이

어떤 수
■ ÷ 4 = 15 ⋯ 3

⇨ 4 × ☐ = ☐ , ☐ + ☐ = ☐   답 ☐

정답 8쪽

왼쪽 ❶, ❷번과 같이 문제의 핵심 부분에 색칠하고,
계산해야 하는 수들에 밑줄을 그어 문제를 풀어 보세요.

3 어떤 수를 5로 나누었더니 몫이 11, 나머지는 2가 되었습니다.
어떤 수는 얼마인가요?

풀이

답 _____

4 어떤 수를 9로 나누었더니 몫이 15, 나머지는 5가 되었습니다.
어떤 수는 얼마인가요?

풀이

답 _____

5 어떤 수를 7로 나누었더니 몫이 60, 나머지는 6이 되었습니다.
어떤 수는 얼마인가요?

풀이

답 _____

7일 마무리하기

26쪽

1 자두 36개를 바구니 3개에 똑같이 나누어 담으려고 합니다.
바구니 한 개에 자두를 몇 개씩 담을 수 있을까요?

(   )

30쪽

3 찰흙 35개를 4모둠에 똑같이 나누어 주려고 합니다.
한 모둠에 찰흙을 몇 개씩 줄 수 있고, 남는 찰흙은 몇 개인가요?

(,   )

28쪽

2 다정이네 학교 3학년 학생 98명이 줄을 서려고 합니다. 한 줄에 7명씩 선다면 몇 줄이 될까요?

(   )

32쪽

4 도화지 92장을 8장씩 끈으로 묶으려고 합니다. 끈은 몇 개 필요하고,
남는 도화지는 몇 장인가요?

(,   )

32쪽

5 감 220개를 상자 한 개에 9개씩
나누어 담으려고 합니다.
상자 몇 개에 담을 수 있고, 남는 감은
몇 개인가요?

(,   )

36쪽

7 어떤 수를 5로 나누었더니
몫이 16, 나머지는 1이 되었습니다.
어떤 수는 얼마인가요?

(   )

8 **26쪽**   **도전 문제**

보라는 구슬 52개를 2개의 통에, 윤호는
구슬 72개를 3개의 통에 똑같이 나누어
담았습니다. 통 한 개에 구슬을 더 많이
담은 사람은 누구인가요?

❶ 보라가 통 한 개에 담은 구슬 수

→ (   )

❷ 윤호가 통 한 개에 담은 구슬 수

→ (   )

❸ 통 한 개에 구슬을 더 많이 담은 사람

→ (   )

34쪽

6 어떤 수에 6을 곱했더니 582가
되었습니다. 어떤 수는 얼마인가요?

(   )

3 원

준비
기본 문제로
문장제 준비하기

8일차

✦ 컴퍼스로 그린
원의 지름(반지름) 구하기

✦ 원의 크기 비교하기

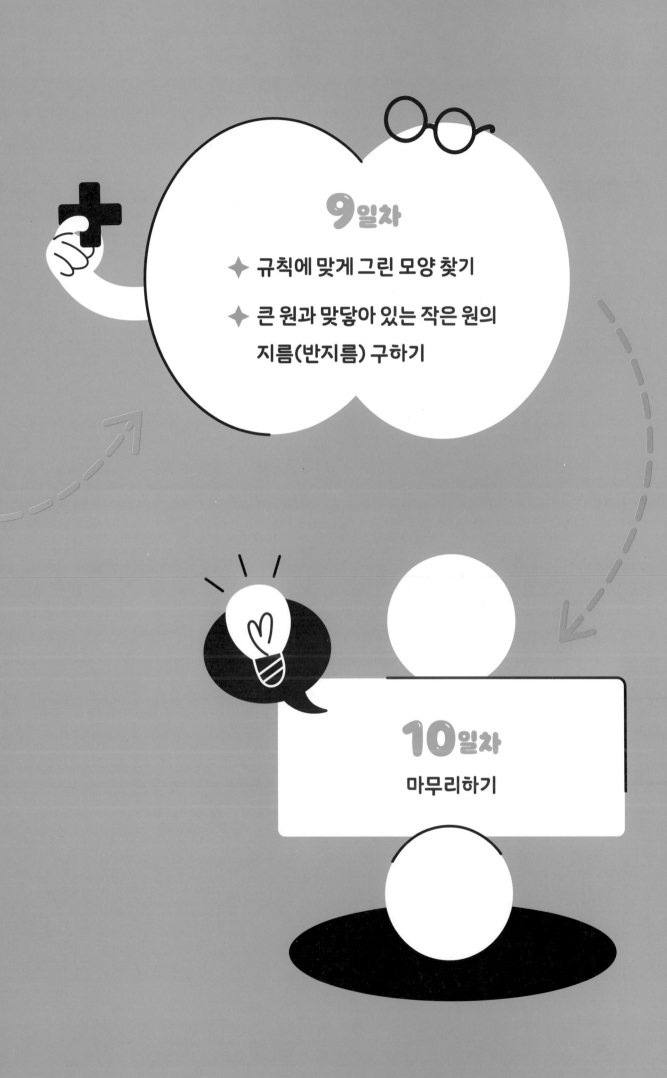

9일차

✦ 규칙에 맞게 그린 모양 찾기

✦ 큰 원과 맞닿아 있는 작은 원의
  지름(반지름) 구하기

10일차

마무리하기

◆ 원의 중심을 찾아 써 보세요.

1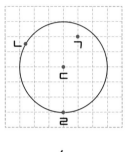

(   )

3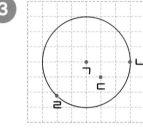

(   )

2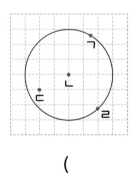

(   )

4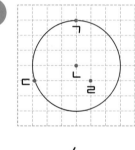

(   )

◆ 원의 반지름과 지름을 나타내는 선분을 모두 찾아 써 보세요.

5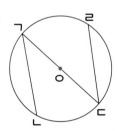

반지름 (   )

지름 (   )

6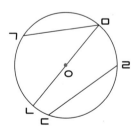

반지름 (   )

지름 (   )

정답 9쪽

✦ 원의 지름을 구하려고 합니다. ☐ 안에 알맞은 수를 써넣으세요.

7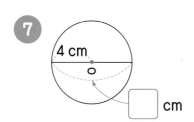
4 cm
☐ cm

9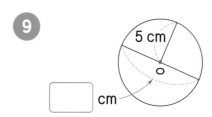
5 cm
☐ cm

8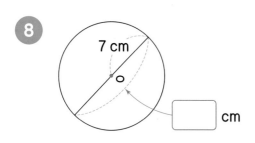
7 cm
☐ cm

10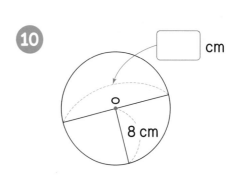
☐ cm
8 cm

✦ 원의 반지름을 구하려고 합니다. ☐ 안에 알맞은 수를 써넣으세요.

11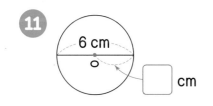
6 cm
☐ cm

13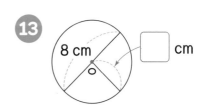
8 cm
☐ cm

12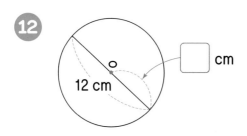
12 cm
☐ cm

14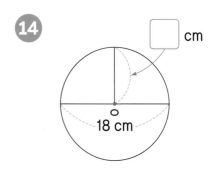
☐ cm
18 cm

8일 컴퍼스로 그린 원의 지름(반지름) 구하기

그린 원의 반지름은?
➔ 컴퍼스를 벌린 길이 구하기

예 컴퍼스를 오른쪽과 같이 벌려서 원을 그렸습니다.
그린 원의 반지름은 몇 cm인가요?

- -

그린 원의 반지름은 컴퍼스를 벌린 길이입니다.

답 ____ 2 cm ____

1 컴퍼스를 오른쪽과 같이 벌려서 원을 그렸습니다.
그린 원의 반지름은 몇 cm인가요?

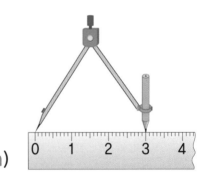

(cm)

2 컴퍼스를 오른쪽과 같이 벌려서 원을 그렸습니다.
그린 원의 지름은 몇 cm인가요?

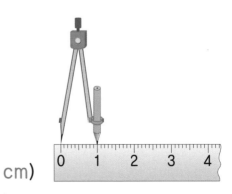

(cm)

왼쪽 ❶, ❷번과 같이 문제의 핵심 부분에 색칠하고,
문제를 풀어 보세요.

정답 9쪽

❸ 컴퍼스를 오른쪽과 같이 벌려서 원을 그렸습니다.
그린 원의 반지름은 몇 cm인가요?

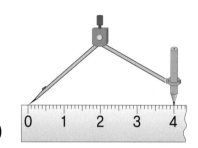

(   )

❹ 컴퍼스를 오른쪽과 같이 벌려서 원을 그렸습니다.
그린 원의 지름은 몇 cm인가요?

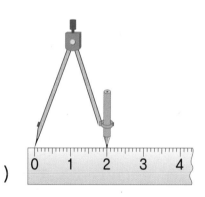

(   )

❺ 컴퍼스를 오른쪽과 같이 벌려서 원을 그렸습니다.
그린 원의 지름은 몇 cm인가요?

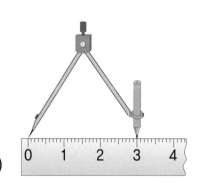

(   )

원의 크기 비교하기

크기가 더 큰 원은?
➡ 원의 반지름(지름)이 더 긴 원 구하기

예 크기가 더 큰 원의 기호를 써 보세요.

> ㉠ 반지름이 6 cm인 원   ㉡ 지름이 10 cm인 원

원의 반지름 또는 지름을 비교해 봅니다.

원의 지름: ㉠ 6 × 2 = 12(cm), ㉡ 10 cm

➡ 12 > 10이므로 크기가 더 큰 원은 ㉠입니다.

크기가 더 작은 원은 원의 반지름 또는 지름이 더 짧은 원이에요.

답   ㉠

---

1 크기가 더 작은 원의 기호를 써 보세요.

> ㉠ 지름이 16 cm인 원   ㉡ 반지름이 10 cm인 원

(   )

2 크기가 가장 큰 원의 기호를 써 보세요.

> ㉠ 반지름이 5 cm인 원   ㉡ 지름이 12 cm인 원   ㉢ 반지름이 7 cm인 원

(   )

정답 10쪽

왼쪽 ❶, ❷번과 같이 문제의 핵심 부분에 색칠하고,
문제를 풀어 보세요.

3 크기가 더 큰 원의 기호를 써 보세요.

> ㉠ 지름이 14 cm인 원   ㉡ 반지름이 8 cm인 원

(   )

4 크기가 가장 작은 원의 기호를 써 보세요.

> ㉠ 지름이 20 cm인 원   ㉡ 반지름이 11 cm인 원   ㉢ 지름이 16 cm인 원

(   )

5 선화는 반지름이 12 cm인 원을 그렸고, 연수는 지름이 26 cm인 원을 그렸습니다.
더 큰 원을 그린 사람은 누구인가요?

(   )

6 민주는 지름이 30 cm인 원을 그렸고, 선우는 반지름이 13 cm인 원을 그렸습니다.
더 작은 원을 그린 사람은 누구인가요?

(   )

9일 규칙에 맞게 그린 모양 찾기

이것만 알자

원의 중심을 다르게 ➔ 원의 위치가 변한다
원의 반지름을 다르게 ➔ 원의 크기가 변한다

🍀 **예** 원의 중심은 같게 하고, 원의 반지름을 다르게 하여 그린 모양에 ◯표 하세요.

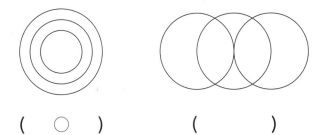

(◯)　　　( )

오른쪽 그림은 원의 반지름은 같게 하고, 원의 중심을 다르게 하여 그린 모양입니다.

1 원의 반지름은 같게 하고, 원의 중심을 다르게 하여 그린 모양에 ◯표 하세요.

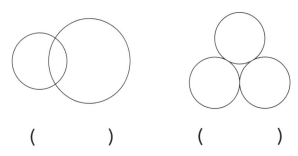

( )　　　( )

2 원의 중심과 원의 반지름을 모두 다르게 하여 그린 모양에 ◯표 하세요.

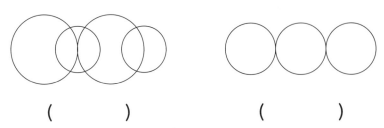

( )　　　( )

왼쪽 ❶, ❷번과 같이 문제의 핵심 부분에 색칠하고,
문제를 풀어 보세요.

정답 10쪽

3 원의 중심은 같게 하고, 원의 반지름을 다르게 하여 그린 모양에 ◯표 하세요.

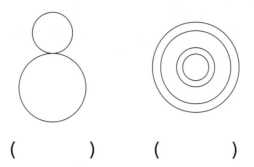

(   )   (   )

4 원의 반지름은 같게 하고, 원의 중심을 다르게 하여 그린 친구의 이름을 써 보세요.

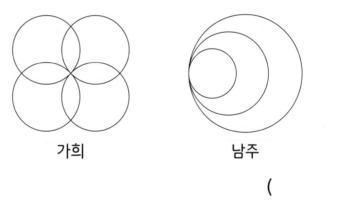

가희   남주

(   )

5 원의 중심과 원의 반지름을 모두 다르게 하여 그린 친구의 이름을 써 보세요.

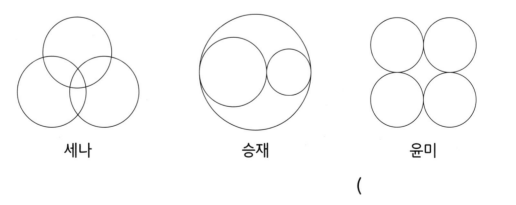

세나   승재   윤미

(   )

큰 원과 맞닿아 있는 작은 원의 지름(반지름) 구하기

큰 원의 반지름이 작은 원의 반지름의 ■배일 때
➡ **(작은 원의 반지름) = (큰 원의 반지름) ÷ ■**

예 큰 원의 지름이 16 cm일 때, 작은 원의 반지름은 몇 cm인지
구해 보세요.
└─● 반지름: 16÷2=8(cm)

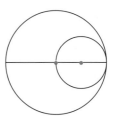

- -

(큰 원의 반지름) = (작은 원의 반지름) × 2
⇨ (작은 원의 반지름) = (큰 원의 반지름) ÷ 2
= 8 ÷ 2 = 4(cm)

답   4 cm

---

1 큰 원의 반지름이 12 cm일 때, 작은 원의 반지름은 몇 cm인지
구해 보세요.

(cm)

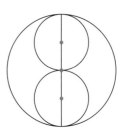

2 큰 원의 지름이 30 cm일 때, 크기가 같은 작은 원의 반지름은
몇 cm인지 구해 보세요.

(cm)

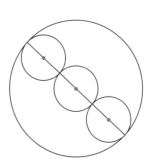

정답 11쪽

**왼쪽 ❶, ❷번과 같이 문제의 핵심 부분에 색칠하고,
문제를 풀어 보세요.**

3 큰 원의 반지름이 6 cm일 때, 작은 원의 반지름은 몇 cm인지
구해 보세요.

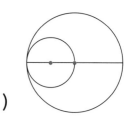

(   )

4 큰 원의 지름이 20 cm일 때, 작은 원의 반지름은 몇 cm인지
구해 보세요.

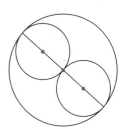

(   )

5 큰 원의 지름이 32 cm일 때, 크기가 같은 작은 원의 반지름은
몇 cm인지 구해 보세요.

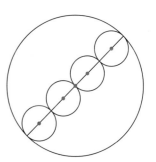

(   )

10일 마무리하기

44쪽

1 컴퍼스를 다음과 같이 벌려서 원을 그렸습니다. 그린 원의 반지름은 몇 cm인가요?

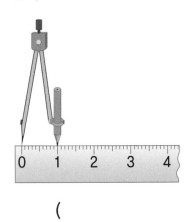

(   )

44쪽

2 컴퍼스를 다음과 같이 벌려서 원을 그렸습니다. 그린 원의 지름은 몇 cm인가요?

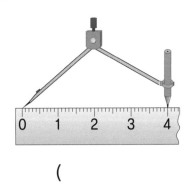

(   )

46쪽

3 크기가 가장 큰 원의 기호를 써 보세요.

> ㉠ 지름이 8 cm인 원
> ㉡ 반지름이 5 cm인 원
> ㉢ 지름이 14 cm인 원

(   )

46쪽

4 윤아는 지름이 24 cm인 원을 그렸고, 성미는 반지름이 15 cm인 원을 그렸습니다. 더 작은 원을 그린 사람은 누구인가요?

(   )

48쪽

5 원의 중심은 같게 하고, 원의 반지름을 다르게 하여 그린 모양에 ◯표 하세요.

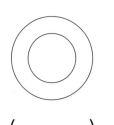   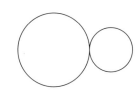

(   )   (   )

50쪽

7 큰 원의 지름이 24 cm일 때, 작은 원의 반지름은 몇 cm인지 구해 보세요.

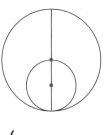

(   )

48쪽

6 원의 중심과 원의 반지름을 모두 다르게 하여 그린 친구의 이름을 써 보세요.

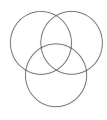   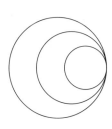

명재   선예

(   )

8 **50쪽**

도전 문제

작은 원의 반지름이 7 cm일 때, 큰 원의 지름은 몇 cm인지 구해 보세요.

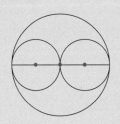

❶ ⬜ 안에 알맞은 수 써넣기

큰 원의 지름은 작은 원의

반지름의 ⬜ 배입니다.

❷ 큰 원의 지름

→ (   )

4 분수

준비
기본 문제로
문장제 준비하기

11일차

✦ 분수로 나타내기

✦ 분수만큼은
얼마인지 구하기

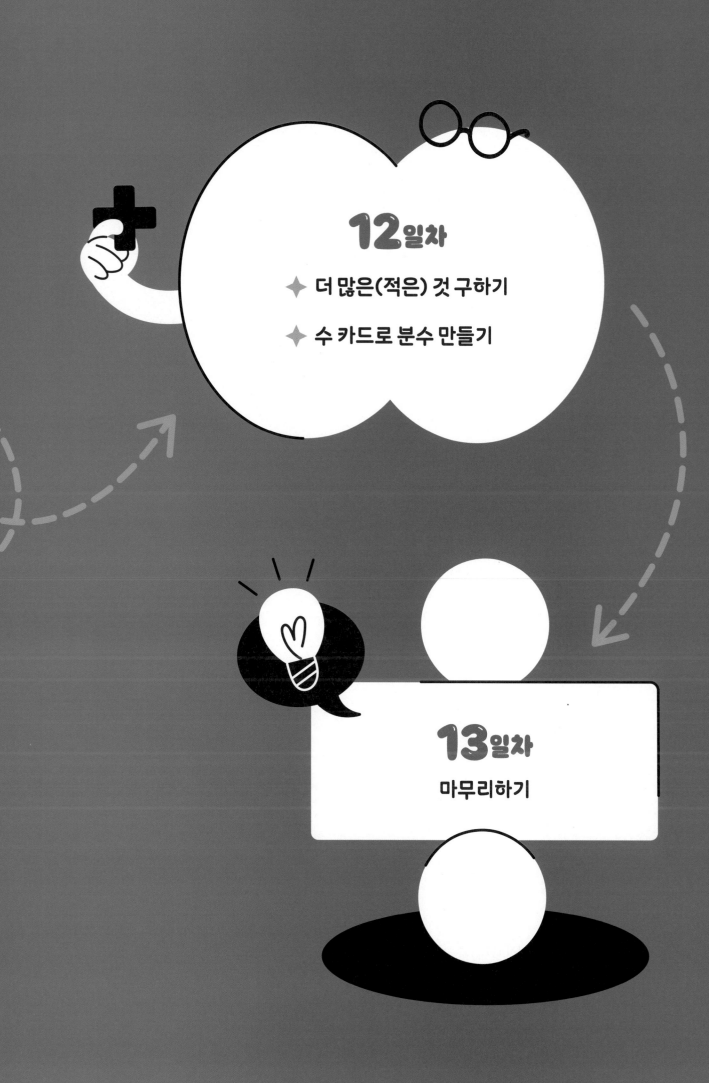

◆ 그림을 보고 ☐ 안에 알맞은 분수를 써넣으세요.

1

12를 4씩 묶으면 8은 12의 ☐ 입니다.

2

21을 3씩 묶으면 12는 21의 ☐ 입니다.

◆ 그림을 보고 ☐ 안에 알맞은 수를 써넣으세요.

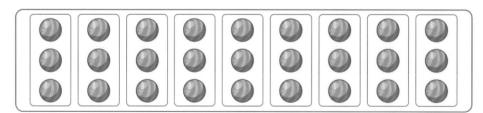

3 27의 $\dfrac{1}{9}$은 ☐ 입니다.

4 27의 $\dfrac{5}{9}$는 ☐ 입니다.

정답 12쪽

◆ 대분수를 가분수로, 가분수를 대분수로 나타내어 보세요.

5 $1\dfrac{2}{5} = \boxed{}$

7 $\dfrac{20}{7} = \boxed{}$

6 $2\dfrac{3}{10} = \boxed{}$

8 $\dfrac{30}{11} = \boxed{}$

◆ 두 분수의 크기를 비교하여 ◯ 안에 >, =, <를 알맞게 써넣으세요.

9 $\dfrac{9}{8} \bigcirc \dfrac{15}{8}$

11 $2\dfrac{5}{6} \bigcirc \dfrac{19}{6}$

10 $3\dfrac{1}{4} \bigcirc 2\dfrac{3}{4}$

12 $\dfrac{20}{13} \bigcirc 1\dfrac{4}{13}$

11일 　분수로 나타내기

이것만 알자　분수로 나타내기 ➡ $\dfrac{(부분\ 묶음의\ 수)}{(전체\ 묶음의\ 수)}$

예 구슬 6개를 똑같이 3묶음으로 나누었습니다.

4는 6의 얼마인지 분수로 나타내어 보세요.

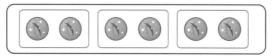

6을 2씩 묶으면 3묶음이 됩니다.　　　┐
4는 3묶음 중에서 2묶음입니다.　　┘ ➡ 4는 6의 $\dfrac{2}{3}$입니다.

답 　$\dfrac{2}{3}$

---

1 도토리 10개를 2개씩 묶었습니다.

6은 10의 얼마인지 분수로 나타내어 보세요.

┌ 풀이

10을 □씩 묶으면 5묶음이 됩니다.

6은 5묶음 중에서 □묶음이므로

10의 □입니다.

답 □

왼쪽 ① 번과 같이 문제의 핵심 부분에 색칠하고, 문제를 풀어 보세요.

2 바둑돌 12개를 똑같이 4묶음으로 나누었습니다.
9는 12의 얼마인지 분수로 나타내어 보세요.

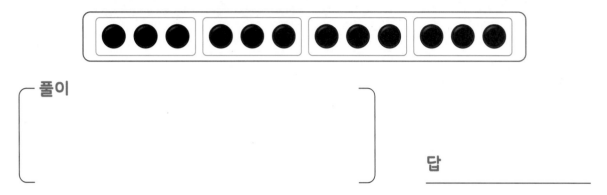

풀이

답 _____

3 지우개 15개를 3개씩 묶었습니다. 6은 15의 얼마인지 분수로 나타내어 보세요.

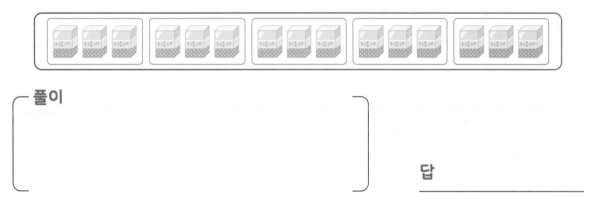

풀이

답 _____

4 토마토 24개를 4개씩 묶었습니다. 20은 24의 얼마인지 분수로 나타내어 보세요.

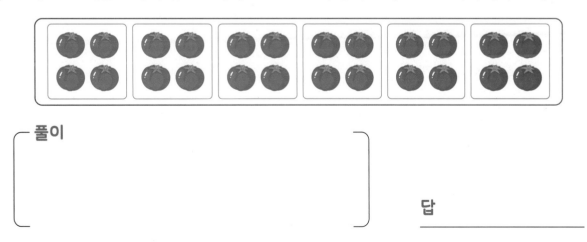

풀이

답 _____

분수만큼은 얼마인지 구하기

이것만 알자   8의 $\frac{3}{4}$ ➡ 8을 똑같이 4묶음으로 나눈 것 중의 3묶음

예 지수는 색종이 8장의 $\frac{3}{4}$을 사용했습니다.

지수가 사용한 색종이는 몇 장인가요?

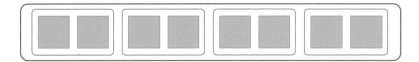

- -

8의 $\frac{1}{4}$: 8을 똑같이 4묶음으로 나눈 것 중의 1묶음 ⇨ 2

8의 $\frac{3}{4}$: 8을 똑같이 4묶음으로 나눈 것 중의 3묶음 ⇨ 6

답 ____6장____

① 모종 10개의 $\frac{2}{5}$를 텃밭에 심었습니다. 텃밭에 심은 모종은 몇 개인가요?

┌ 풀이

모종 10개를 똑같이 5묶음으로 나눈 것 중의

2묶음은 [ ]개입니다.

따라서 텃밭에 심은 모종은 [ ]개입니다.

답 [ ]개

정답 13쪽

**왼쪽 ①번과 같이 문제의 핵심 부분에 색칠하고,
문제를 풀어 보세요.**

2 도현이는 부침개를 만드는 데 달걀 15개의 $\dfrac{1}{3}$을

사용했습니다. 도현이가 부침개를 만드는 데 사용한 달걀은
몇 개인가요?

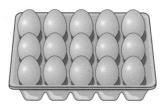

┌ 풀이

└

답 _____

3 민우는 가지고 있는 사탕 24개의 $\dfrac{3}{8}$을 동생에게 주었습니다.

민우가 동생에게 준 사탕은 몇 개인가요?

┌ 풀이

└

답 _____

4 지우는 선물을 포장하는 데 리본 30 cm의 $\dfrac{5}{6}$를 사용했습니다.

지우가 선물을 포장하는 데 사용한 리본은 몇 cm인가요?

┌ 풀이

└

답 _____

12일 더 많은(적은) 것 구하기

이것만 알자

더 많은 것은? ➡ 더 큰 수 구하기
더 적은 것은? ➡ 더 작은 수 구하기

예 은지와 윤후가 종이띠로 만들기를 하고 있습니다.

종이띠를 은지는 $2\frac{1}{3}$ m 사용했고, 윤후는 $\frac{5}{3}$ m 사용했습니다.

종이띠를 더 많이 사용한 사람은 누구인가요?

- -

은지가 사용한 종이띠의 길이를 가분수로

나타내면 $2\frac{1}{3} = \frac{7}{3}$입니다.

➡ $\underset{은지}{\frac{7}{3}} > \underset{윤후}{\frac{5}{3}}$이므로 종이띠를 더 많이

사용한 사람은 은지입니다.

'더 오래', '더 멀리'
→ 더 큰 수를 구해요.
'더 짧게', '더 가까운'
→ 더 작은 수를 구해요.

답   은지

---

1 일주일 동안 우유를 준호는 $1\frac{4}{5}$ L 마셨고, 보라는 $\frac{12}{5}$ L 마셨습니다.

우유를 더 적게 마신 사람은 누구인가요?

풀이

준호가 마신 우유의 양을 가분수로 나타내면 $1\frac{4}{5} = \frac{\square}{5}$입니다.

➡ $\underset{준호}{\frac{\square}{5}} \bigcirc \underset{보라}{\frac{12}{5}}$이므로 우유를 더 적게 마신 사람은 $\boxed{}$입니다.

답 $\boxed{}$

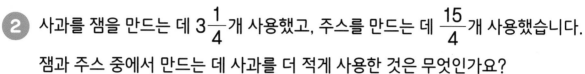

왼쪽 **1** 번과 같이 문제의 핵심 부분에 색칠하고,
비교해야 하는 두 분수에 밑줄을 그어 문제를 풀어 보세요.

2 사과를 잼을 만드는 데 $3\frac{1}{4}$개 사용했고, 주스를 만드는 데 $\frac{15}{4}$개 사용했습니다.

잼과 주스 중에서 만드는 데 사과를 더 적게 사용한 것은 무엇인가요?

풀이

답 _____

3 수학 공부를 은우는 $2\frac{2}{7}$시간 동안 했고, 영지는 $\frac{15}{7}$시간 동안 했습니다.

수학 공부를 더 오래 한 사람은 누구인가요?

풀이

답 _____

4 진수와 은재가 제자리멀리뛰기를 했습니다. 더 멀리 뛴 사람은 누구인가요?

난 $\frac{11}{8}$ m 뛰었어.

진수

난 $1\frac{1}{8}$ m 뛰었어.

은재

풀이

답 _____

수 카드로 분수 만들기

진분수 ➡ 분자가 분모보다 작은 분수

가분수 ➡ 분자가 분모와 같거나 분모보다 큰 분수

대분수 ➡ 자연수와 진분수로 이루어진 분수

예 수 카드 3장 중에서 2장을 골라 만들 수 있는 진분수를 모두 써 보세요.

2 3 5

- -

- 분모가 3인 진분수: $\dfrac{2}{3}$ • 분모가 5인 진분수: $\dfrac{2}{5}$, $\dfrac{3}{5}$

답 $\dfrac{2}{3}$, $\dfrac{2}{5}$, $\dfrac{3}{5}$

---

1 수 카드 3장을 한 번씩만 사용하여 만들 수 있는 대분수를 모두 써 보세요.

1 5 8

풀이

- 자연수 부분이 1인 대분수: ☐

- 자연수 부분이 5인 대분수: ☐

- 자연수 부분이 8인 대분수: ☐

답 _____

왼쪽 ①번과 같이 문제의 핵심 부분에 색칠하고, 문제를 풀어 보세요.

② 수 카드 3장 중에서 2장을 골라 만들 수 있는 진분수를 모두 써 보세요.

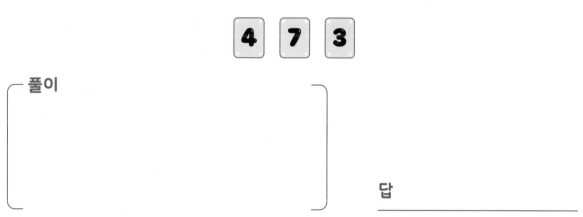

8 1 9

풀이

답 _____

③ 수 카드 3장 중에서 2장을 골라 만들 수 있는 가분수를 모두 써 보세요.

4 7 3

풀이

답 _____

④ 수 카드 3장을 한 번씩만 사용하여 만들 수 있는 대분수를 모두 써 보세요.

2 9 5

풀이

답 _____

13일 마무리하기

58쪽

1 귤 9개를 똑같이 3묶음으로 나누었습니다. 6은 9의 얼마인지 분수로 나타내어 보세요.

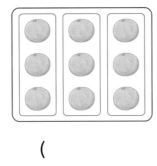

(   )

58쪽

2 단추 16개를 2개씩 묶었습니다. 10은 16의 얼마인지 분수로 나타내어 보세요.

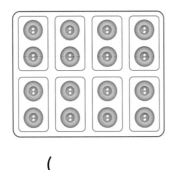

(   )

60쪽

3 윤진이는 가지고 있는 연필 20자루의 $\frac{2}{5}$를 친구에게 주었습니다. 윤진이가 친구에게 준 연필은 몇 자루인가요?

(   )

60쪽

4 해찬이는 상자를 묶는 데 끈 32 cm의 $\frac{3}{4}$을 사용했습니다. 해찬이가 상자를 묶는 데 사용한 끈은 몇 cm인가요?

(   )

정답 14쪽

62쪽

5 하루 동안 물을 성희는 $1\frac{5}{6}$ L 마셨고,

영재는 $\frac{13}{6}$ L 마셨습니다.

물을 더 많이 마신 사람은 누구인가요?

(   )

62쪽

6 수빈이네 집에서 시장까지의 거리는

$\frac{17}{9}$ km이고, 영화관까지의 거리는

$2\frac{1}{9}$ km입니다. 시장과 영화관 중

수빈이네 집에서 더 가까운 곳은
어디인가요?

(   )

64쪽

7 수 카드 3장 중에서 2장을 골라 만들
수 있는 진분수를 모두 써 보세요.

| 4 | 5 | 9 |

(   )

8 64쪽   도전 문제

수 카드 3장을 한 번씩만 사용하여
만들 수 있는 대분수 중 가장 큰 수를 구해
보세요.

| 8 | 3 | 1 |

❶ 만들 수 있는 대분수 모두 쓰기

→ (   )

❷ 위 ❶에서 만든 대분수 중 가장 큰 수

→ (   )

5 들이와 무게

준비
계산으로
문장제 준비하기

14일차

✦ 들이 비교하기

✦ 들이의 합 구하기

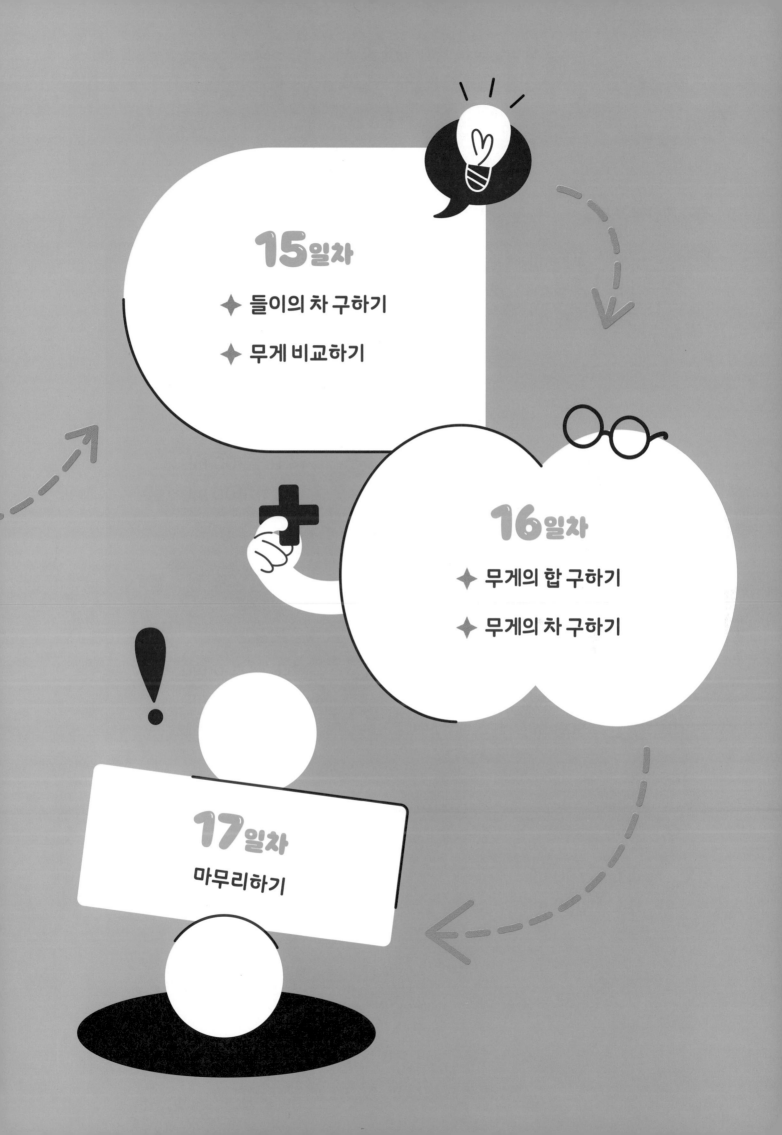

◆ 계산해 보세요.

①
    2 L 500 mL → L는 L끼리,
+ 1 L 200 mL mL는 mL끼리
――――――――――――――― 더합니다.
    3 L 700 mL

⑤
    3 L 800 mL → L는 L끼리,
− 2 L 600 mL mL는 mL끼리
――――――――――――――― 뺍니다.
    1 L 200 mL

②
    3 L 600 mL
+ 2 L 300 mL
―――――――――――――――

⑥
    4 L 700 mL
− 1 L 400 mL
―――――――――――――――

③
     1
    1 L 800 mL → mL끼리의 합이
+ 2 L 700 mL 1000이거나
――――――――――――――― 1000보다 크면
    4 L 500 mL 1000 mL를 1 L로
                    받아올림합니다.

⑦
    4   1000
    5̸ L 200 mL → mL끼리 뺄 수 없으면
− 2 L 900 mL 1 L를 1000 mL로
――――――――――――――― 받아내림합니다.
    2 L 300 mL

④
    5 L 700 mL
+ 1 L 550 mL
―――――――――――――――

⑧
    8 L 200 mL
− 3 L 850 mL
―――――――――――――――

9

$$
\begin{array}{r}
1\,\text{kg} \quad 100\,\text{g} \\
+\ \ 3\,\text{kg} \quad 400\,\text{g} \\
\hline
4\,\text{kg} \quad 500\,\text{g}
\end{array}
$$

● kg은 kg끼리,
g은 g끼리
더합니다.

10

$$
\begin{array}{r}
2\,\text{kg} \quad 350\,\text{g} \\
+\ \ 2\,\text{kg} \quad 600\,\text{g} \\
\hline
\end{array}
$$

11

$$
\begin{array}{r}
^{1} \\
3\,\text{kg} \quad 900\,\text{g} \\
+\ \ 2\,\text{kg} \quad 300\,\text{g} \\
\hline
6\,\text{kg} \quad 200\,\text{g}
\end{array}
$$

● g끼리의 합이
1000이거나
1000보다 크면
1000 g을 1 kg으로
받아올림합니다.

12

$$
\begin{array}{r}
2\,\text{kg} \quad 650\,\text{g} \\
+\ \ 6\,\text{kg} \quad 500\,\text{g} \\
\hline
\end{array}
$$

13

$$
\begin{array}{r}
2\,\text{kg} \quad 500\,\text{g} \\
-\ \ 1\,\text{kg} \quad 200\,\text{g} \\
\hline
1\,\text{kg} \quad 300\,\text{g}
\end{array}
$$

● kg은 kg끼리,
g은 g끼리
뺍니다.

14

$$
\begin{array}{r}
3\,\text{kg} \quad 750\,\text{g} \\
-\ \ 2\,\text{kg} \quad 150\,\text{g} \\
\hline
\end{array}
$$

15

$$
\begin{array}{r}
^{3} \quad ^{1000} \\
\cancel{4}\,\text{kg} \quad 600\,\text{g} \\
-\ \ 1\,\text{kg} \quad 850\,\text{g} \\
\hline
2\,\text{kg} \quad 750\,\text{g}
\end{array}
$$

● g끼리 뺄 수 없으면
1 kg을 1000 g으로
받아내림합니다.

16

$$
\begin{array}{r}
7\,\text{kg} \quad 250\,\text{g} \\
-\ \ 4\,\text{kg} \quad 900\,\text{g} \\
\hline
\end{array}
$$

14일 들이 비교하기

이것만 알자

들이가 더 많은
➡ (똑같은 통을 가득 채울 때) 부은 횟수가 더 적은

예 수조에 물을 가득 채우려면 양동이와 바가지로 각각 다음과 같이 물을 부어야 합니다. 양동이와 바가지 중에서 들이가 더 많은 물건은 어느 것인가요?

물건	양동이	바가지
물을 부은 횟수	3회	5회

똑같은 통을 가득 채울 때 부은 횟수가 더 많으면 들이가 더 적은 **물건**이에요.

물을 부은 횟수가 적을수록 들이가 더 많으므로 들이가 더 많은 물건은 양동이입니다.

답   양동이

---

1 욕조에 물을 가득 채우려면 그릇과 물병으로 각각 다음과 같이 물을 부어야 합니다. 그릇과 물병 중에서 들이가 더 적은 물건은 어느 것인가요?

물건	그릇	물병
물을 부은 횟수	6회	4회

(   )

2 세숫대야에 물을 가득 채우려면 가, 나, 다 컵으로 각각 다음과 같이 물을 부어야 합니다. 가, 나, 다 중에서 들이가 가장 많은 컵은 어느 것인가요?

컵	가	나	다
물을 부은 횟수	8회	5회	6회

(   )

정답 15쪽

왼쪽 ❶, ❷번과 같이 문제의 핵심 부분에 색칠하고, 문제를 풀어 보세요.

3 냄비에 물을 가득 채우려면 요구르트병과 종이컵으로 각각 다음과 같이 물을 부어야 합니다. 요구르트병과 종이컵 중에서 들이가 더 많은 물건은 어느 것인가요?

물건	요구르트병	종이컵
물을 부은 횟수	10회	7회

(   )

4 항아리에 물을 가득 채우려면 음료수병과 대접으로 각각 다음과 같이 물을 부어야 합니다. 음료수병과 대접 중에서 들이가 더 적은 물건은 어느 것인가요?

물건	음료수병	대접
물을 부은 횟수	12회	17회

(   )

5 어항에 물을 가득 채우려면 가, 나, 다 그릇으로 각각 다음과 같이 물을 부어야 합니다. 가, 나, 다 중에서 들이가 가장 적은 그릇은 어느 것인가요?

그릇	가	나	다
물을 부은 횟수	15회	11회	16회

(   )

들이의 합 구하기

모두 몇 L 몇 mL
→ 두 들이의 합 구하기

예 민성이는 사과주스 1 L 600 mL와 감귤주스 2 L 100 mL를 샀습니다.
민성이가 산 사과주스와 감귤주스는 모두 몇 L 몇 mL인가요?

(사과주스와 감귤주스의 양의 합)

= (사과주스의 양) + (감귤주스의 양)

식   1 L 600 mL + 2 L 100 mL = 3 L 700 mL

답   3 L 700 mL

---

① 빨간색 페인트 3 L 400 mL와 노란색 페인트 5 L 300 mL가 있습니다.
두 페인트를 섞으면 모두 몇 L 몇 mL인가요?

식   3 L 400 mL + 5 L 300 mL = ☐ L ☐ mL

빨간색 페인트의 양 ●   ●노란색 페인트의 양

답   ☐ L ☐ mL

② 물 4 L 500 mL가 들어 있는 수조에 물 1 L 650 mL를 더 넣었습니다.
수조에 들어 있는 물의 양은 모두 몇 L 몇 mL인가요?

식   4 L 500 mL + 1 L 650 mL = ☐ L ☐ mL

답   ☐ L ☐ mL

정답 16쪽

왼쪽 **①**, **②** 번과 같이 문제의 핵심 부분에 색칠하고,
계산해야 하는 두 들이에 밑줄을 그어 문제를 풀어 보세요.

③ 들이가 2 L 700 mL인 냄비와 3 L 200 mL인 냄비에 물을 가득 부었습니다.
2개의 냄비에 부은 물은 모두 몇 L 몇 mL인가요?

식 _____

답 _____

④ 물 1 L 900 mL와 매실 원액 1 L 450 mL를 섞어 매실주스를 만들었습니다.
만든 매실주스는 모두 몇 L 몇 mL인가요?

식 _____

답 _____

⑤ 들이가 각각 오른쪽과 같은 양동이와 주전자에
물을 가득 채운 다음 빈 어항에 모두 옮겨 담았더니
어항에 물이 가득 찼습니다.
어항의 들이는 몇 L 몇 mL인가요?

4200 mL   2 L 850 mL

식 _____

답 _____

15일 들이의 차 구하기

이것만 알자

남은 물은 몇 L 몇 mL
➡ 두 들이의 차 구하기

예 물 2 L 400 mL 중에서 1 L 200 mL를 마셨습니다.
남은 물은 몇 L 몇 mL인가요?

- -

(남은 물의 양)

= (처음에 있던 물의 양) − (마신 물의 양)

식   2 L 400 mL − 1 L 200 mL = 1 L 200 mL

답   1 L 200 mL

'~보다 몇 L 몇 mL 더'
많은지 구할 때도
들이의 차를 구해요.

① 서윤이는 딸기주스 3 L 600 mL와 오렌지주스 1 L 300 mL를 샀습니다.
서윤이가 산 딸기주스는 오렌지주스보다 몇 L 몇 mL 더 많은가요?

식   3 L 600 mL − 1 L 300 mL = ☐ L ☐ mL

      딸기주스의 양 ●   ● 오렌지주스의 양

답   ☐ L ☐ mL

② 수조에 물 5 L 100 mL가 들어 있었습니다. 이 수조에서 3 L 500 mL의 물을
덜어 냈다면 수조에 남은 물은 몇 L 몇 mL인가요?

식   5 L 100 mL − 3 L 500 mL = ☐ L ☐ mL

답   ☐ L ☐ mL

정답 16쪽

왼쪽 ❶, ❷번과 같이 문제의 핵심 부분에 색칠하고,
계산해야 하는 두 들이에 밑줄을 그어 문제를 풀어 보세요.

❸ 파란색 페인트 4 L 800 mL와 흰색 페인트 3 L 350 mL를 섞어 하늘색 페인트를
만들었습니다. 섞은 파란색 페인트는 흰색 페인트보다 몇 L 몇 mL 더 많은가요?

식 _____

답 _____

❹ 우유 5 L 150 mL 중에서 빵을 만드는 데 2 L 700 mL를 사용했습니다.
남은 우유는 몇 L 몇 mL인가요?

식 _____

답 _____

❺ 들이가 7500 mL인 항아리에 간장이 가득 들어 있었습니다.
그중에서 4 L 900 mL를 사용했다면 남은 간장은 몇 L 몇 mL인가요?

식 _____

답 _____

무게 비교하기

몇 개만큼 더 무거운가요?
➔ **무게를 잰 단위의 개수가 몇 개만큼 더 많은지 구하기**

예 바둑돌을 이용하여 연필과 지우개의 무게를 비교했습니다.
연필과 지우개 중에서 어느 것이 바둑돌 몇 개만큼 더 무거운가요?

연필　　　바둑돌 2개　　　　지우개　　　바둑돌 4개

연필은 바둑돌 2개, 지우개는 바둑돌 4개의 무게와 같으므로
지우개가 바둑돌 4 - 2 = 2(개)만큼 더 무겁습니다.

답　　　지우개, 2개

---

1 공깃돌을 이용하여 사과와 귤의 무게를 비교했습니다.
사과와 귤 중에서 어느 것이 공깃돌 몇 개만큼 더 무거운가요?

사과　　　공깃돌 30개　　　　귤　　　공깃돌 8개

(　　　　　 , 　　　　　)

정답 17쪽

왼쪽 ❶번과 같이 문제의 핵심 부분에 색칠하고,
문제를 풀어 보세요.

2 바둑돌을 이용하여 바나나와 키위의 무게를 비교했습니다.
바나나와 키위 중에서 어느 것이 바둑돌 몇 개만큼 더 무거운가요?

바나나 바둑돌 36개

키위 바둑돌 31개

(,   )

3 100원짜리 동전을 이용하여 감자와 고구마의 무게를 비교했습니다.
감자와 고구마 중에서 어느 것이 100원짜리 동전 몇 개만큼 더 무거운가요?

감자 100원짜리 동전 16개

고구마 100원짜리 동전 20개

(,   )

4 클립을 이용하여 풀과 삼각자의 무게를 비교했습니다.
풀과 삼각자 중에서 어느 것이 클립 몇 개만큼 더 무거운가요?

물건	풀	삼각자
클립의 수	24개	17개

(,   )

16일 무게의 합 구하기

이것만 알자

모두 몇 kg 몇 g
➔ 두 무게의 합 구하기

예 승준이는 부침 가루 1 kg 500 g과 밀가루 2 kg 300 g을 샀습니다.
승준이가 산 부침 가루와 밀가루는 모두 몇 kg 몇 g인가요?

(부침 가루와 밀가루의 무게의 합)
= (부침 가루의 무게) + (밀가루의 무게)

식   1 kg 500 g + 2 kg 300 g = 3 kg 800 g

답   3 kg 800 g

---

1 지민이네 가족은 텃밭에서 고구마 5 kg 100 g과 감자 4 kg 600 g을 캤습니다.
지민이네 가족이 캔 고구마와 감자는 모두 몇 kg 몇 g인가요?

식   5 kg 100 g + 4 kg 600 g = ☐ kg ☐ g
       고구마의 무게 ●   ● 감자의 무게

답   ☐ kg ☐ g

---

2 ㉮ 택배 상자의 무게는 2 kg 700 g이고, ㉯ 택배 상자의 무게는
3 kg 800 g입니다. ㉮와 ㉯ 택배 상자의 무게는 모두 몇 kg 몇 g인가요?

식   2 kg 700 g + 3 kg 800 g = ☐ kg ☐ g

답   ☐ kg ☐ g

정답 17쪽

왼쪽 **①**, **②**번과 같이 문제의 핵심 부분에 색칠하고,
계산해야 하는 두 무게에 밑줄을 그어 문제를 풀어 보세요.

3 쌀 3 kg 200 g과 보리 1 kg 900 g을 섞었습니다.
쌀과 보리를 섞은 무게는 모두 몇 kg 몇 g인가요?

식 _____

답 _____

4 무게가 1 kg 400 g인 가방에 무게가 850 g인 책을 넣었습니다.
책을 넣은 가방의 무게는 모두 몇 kg 몇 g인가요?

식 _____

답 _____

5 저울에 설탕을 올려놓았더니 저울의 바늘이
2 kg 750 g을 가리켰습니다.
설탕 1600 g을 더 올려놓으면 저울에 올려놓은
설탕의 무게는 모두 몇 kg 몇 g이 되나요?

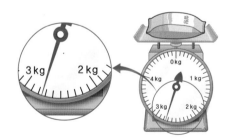

식 _____

답 _____

무게의 차 구하기

남은 것의 무게는 몇 kg 몇 g
➡ 두 무게의 차 구하기

예 쌀 2 kg 800 g 중에서 1 kg 400 g을 먹었습니다.
남은 쌀의 무게는 몇 kg 몇 g인가요?

'~보다 몇 kg 몇 g 더 **무거운 무게**',
'**빈 상자의 무게**'를 구할 때도
무게의 차를 구해요.

(남은 쌀의 무게)

= (처음에 있던 쌀의 무게) − (먹은 쌀의 무게)

식   2 kg 800 g − 1 kg 400 g = 1 kg 400 g

답   1 kg 400 g

1 고양이의 무게는 4 kg 600 g이고, 강아지의 무게는 5 kg 700 g입니다.
강아지는 고양이보다 몇 kg 몇 g 더 무거운가요?

식   5 kg 700 g − 4 kg 600 g = ☐ kg ☐ g

     강아지의 무게 ●┘   └● 고양이의 무게

답   ☐ kg ☐ g

2 생선이 들어 있는 상자의 무게가 3 kg 200 g입니다.
생선의 무게가 2 kg 500 g일 때, 빈 상자의 무게는 몇 g인가요?

식   3 kg 200 g − 2 kg 500 g = ☐ g

     생선이 들어 있는 상자의 무게 ●┘   └● 생선의 무게

답   ☐ g

정답 18쪽

왼쪽 ❶, ❷번과 같이 문제의 핵심 부분에 색칠하고,
계산해야 하는 두 무게에 밑줄을 그어 문제를 풀어 보세요.

❸ 흙 4 kg 300 g 중에서 2 kg 700 g을 사용하여 나무를 심었습니다.
남은 흙의 무게는 몇 kg 몇 g인가요?

식 _____

답 _____

❹ 유미는 과수원에서 사과를 5 kg 150 g 땄고, 귤을 3 kg 900 g 땄습니다.
과수원에서 딴 사과는 귤보다 몇 kg 몇 g 더 많은가요?

식 _____

답 _____

❺ 저울에 김치 1900 g이 담긴 항아리를
올려놓았더니 저울의 바늘이 4 kg 800 g을
가리키고 있습니다.
빈 항아리의 무게는 몇 kg 몇 g인가요?

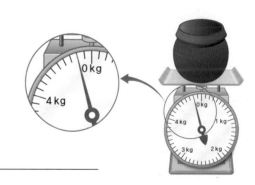

식 _____

답 _____

17일 마무리하기

72쪽

1 주전자에 물을 가득 채우려면 그릇과 종이컵으로 각각 다음과 같이 물을 부어야 합니다. 그릇과 종이컵 중에서 들이가 더 많은 물건은 어느 것인가요?

물건	그릇	종이컵
물을 부은 횟수	9회	14회

(   )

74쪽

3 현민이는 사이다 2 L 500 mL와 콜라 1 L 700 mL를 샀습니다. 현민이가 산 사이다와 콜라는 모두 몇 L 몇 mL인가요?

(   )

78쪽

2 바둑돌을 이용하여 양파와 토마토의 무게를 비교했습니다. 양파와 토마토 중에서 어느 것이 바둑돌 몇 개만큼 더 무거운가요?

물건	양파	토마토
바둑돌의 수	31개	26개

(,   )

76쪽

4 식혜 3 L 200 mL 중에서 1 L 850 mL를 마셨습니다. 남은 식혜는 몇 L 몇 mL인가요?

(   )

정답 18쪽

80쪽

5 소윤이는 과수원에서 딸기를 어제는 3 kg 400 g 땄고, 오늘은 2 kg 900 g 땄습니다. 소윤이가 어제와 오늘 딴 딸기는 모두 몇 kg 몇 g인가요?

(   )

82쪽

6 종이를 재활용하기 위해 헌 종이를 모았습니다. 2반은 1반보다 헌 종이를 몇 kg 몇 g 더 많이 모았나요?

1반	2반
4 kg 950 g	6 kg 100 g

(   )

82쪽

7 과일을 바구니에 담아 무게를 재었더니 5700 g이었습니다. 바구니만의 무게가 1 kg 800 g일 때, 과일은 몇 kg 몇 g인가요?

(   )

8 76쪽

도전 문제

1 L 600 mL짜리 식용유를 2병 샀습니다. 지난주에 1 L 300 mL를 사용하고, 이번 주에 700 mL를 사용했습니다. 남은 식용유는 몇 L 몇 mL인가요?

❶ 산 식용유의 양

→ (   )

❷ 지난주에 사용하고 남은 식용유의 양

→ (   )

❸ 이번 주에 사용하고 남은 식용유의 양

→ (   )

6 자료의 정리

준비
기본 문제로
문장제 준비하기

18일차
✦ 그림그래프에서
가장 많은(적은) 항목 찾기

✦ 표에서
가장 많은(적은) 항목 찾기

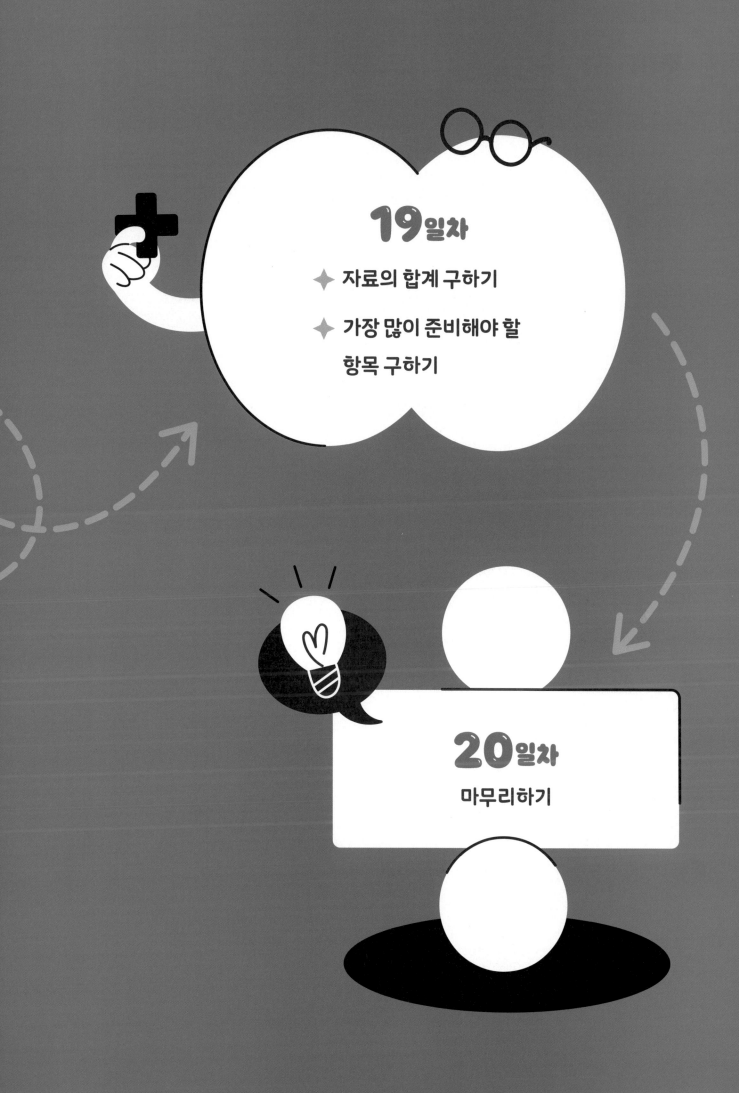

◆ 지혁이네 학교 3학년 학생들의 취미를 조사하여 나타낸 그래프입니다.
물음에 답하세요.

취미별 학생 수

취미	학생 수
독서	😊 😊 😊 😊 😊
음악 감상	😊 😊 😊 😊 😊
자전거 타기	😊 😊 😊 😊 😊 😊 😊
그림 그리기	😊 😊 😊 😊

😊 10명
😊 1명

1 위와 같이 조사한 수를 그림으로 나타낸 그래프를 무엇이라고 하나요?

(   )

2 그림 😊과 😊은 각각 몇 명을 나타내고 있나요?

😊 (   ), 😊 (   )

3 취미가 자전거 타기인 학생은 몇 명인가요?

(   )

표를 보고 그림그래프로 나타내어 보세요.

4

혈액형별 학생 수

혈액형	A형	B형	AB형	O형	합계
학생 수(명)	20	14	8	16	58

혈액형별 학생 수

혈액형	학생 수
A형	
B형	
AB형	
O형	

◎ 10명
○ 1명

5

좋아하는 분식별 학생 수

분식	떡볶이	김밥	라면	순대	합계
학생 수(명)	51	40	34	26	151

좋아하는 분식별 학생 수

분식	학생 수
떡볶이	
김밥	
라면	
순대	

◎ 10명
○ 1명

18일 그림그래프에서 가장 많은(적은) 항목 찾기

이것만 알자

가장 많은 ➡ 단위가 큰 그림의 수가 가장 많은
가장 적은 ➡ 단위가 큰 그림의 수가 가장 적은

예 다현이네 학교 3학년 학생들이 좋아하는 운동을 조사하여 그림그래프로 나타내었습니다. 가장 많은 학생이 좋아하는 운동은 무엇인가요?

좋아하는 운동별 학생 수

운동	학생 수
축구	☺ ☺ ☺ ☺ ☺
야구	☺ ☺ ☺ ☺ ☺ ☺ ☺
농구	☺ ☺ ☺ ☺ ☺

☺ 10명
☺ 1명

10명 그림의 수가 가장 많은 운동은 축구입니다.

답 _축구_

---

1 도현이네 학교 3학년 학생들이 좋아하는 색깔을 조사하여 그림그래프로 나타내었습니다. 가장 적은 학생이 좋아하는 색깔은 무엇인가요?

좋아하는 색깔별 학생 수

색깔	학생 수
빨강	☺ ☺ ☺ ☺ ☺
노랑	☺ ☺ ☺ ☺ ☺
파랑	☺ ☺ ☺ ☺ ☺ ☺ ☺
보라	☺ ☺ ☺ ☺ ☺ ☺ ☺

☺ 10명
☺ 1명

(   )

정답 19쪽

왼쪽 ❶번과 같이 문제의 핵심 부분에 색칠하고,
문제를 풀어 보세요.

2 민영이네 학교 3학년 학생들이 생일에 받고 싶어 하는 선물을 조사하여
그림그래프로 나타내었습니다. 가장 많은 학생이 받고 싶어 하는 선물은
무엇인가요?

생일에 받고 싶어 하는 선물별 학생 수

선물	학생 수
책	☺ ☺ ☺ ☺
장난감	☺ ☺ ☺ ☺ ☺ ☺
신발	☺ ☺ ☺ ☺ ☺ ☺
인형	☺ ☺ ☺ ☺ ☺ ☺ ☺ ☺

☺ 10명
☺ 1명

(   )

3 준희네 모둠 학생들이 줄넘기를 몇 번 넘었는지 조사하여 그림그래프로
나타내었습니다. 줄넘기를 가장 많이 넘은 사람은 누구인가요?

줄넘기를 넘은 횟수

이름	횟수
준희	🪢 🪢 🪢 🪢 🪢 🪢 🪢 🪢
현서	🪢 🪢 🪢 🪢
시후	🪢 🪢 🪢 🪢 🪢 🪢
은비	🪢 🪢 🪢 🪢 🪢 🪢 🪢 🪢

🪢 100번
🪢 10번

(   )

표에서 가장 많은(적은) 항목 찾기

이것만 알자

가장 많은 ➡ 표의 항목의 수가 가장 많은

가장 적은 ➡ 표의 항목의 수가 가장 적은

예 성민이네 반 학생들이 좋아하는 간식을 조사하여 표로 나타내었습니다.

가장 많은 학생이 좋아하는 간식은 무엇인가요?

좋아하는 간식별 학생 수

간식	피자	핫도그	케이크	햄버거	합계
학생 수(명)	7		5	4	25

(핫도그를 좋아하는 학생 수)

= 25 − 7 − 5 − 4 = 9(명)

➡ 9 > 7 > 5 > 4이므로 가장 많은 학생이

좋아하는 간식은 핫도그입니다.

합계를 이용하여 모르는
항목의 수를 먼저 구해요.

답   핫도그

---

1 유진이네 반 학생들이 좋아하는 계절을 조사하여 표로 나타내었습니다.

가장 적은 학생이 좋아하는 계절은 무엇인가요?

좋아하는 계절별 학생 수

계절	봄	여름	가을	겨울	합계
학생 수(명)	8	5		4	27

(   )

왼쪽 ❶번과 같이 문제의 핵심 부분에 색칠하고, 문제를 풀어 보세요.

2 현우네 학교 3학년 학생들이 기르고 싶어 하는 반려동물을 조사하여 표로 나타내었습니다. 가장 많은 학생이 기르고 싶어 하는 반려동물은 무엇인가요?

기르고 싶어 하는 반려동물별 학생 수

반려동물	개	햄스터	고양이	새	합계
학생 수(명)		24	41	19	120

(   )

3 민정이네 학교 3학년 학생들이 배우고 싶어 하는 악기를 조사하여 표로 나타내었습니다. 가장 적은 학생이 배우고 싶어 하는 악기는 무엇인가요?

배우고 싶어 하는 악기별 학생 수

악기	피아노	드럼	바이올린	첼로	합계
학생 수(명)	39		56	20	160

(   )

4 지연이네 학교 3학년 학생들이 도서관에 반별로 기부한 책의 수를 조사하여 표로 나타내었습니다. 가장 많은 책을 기부한 반은 몇 반인가요?

도서관에 반별로 기부한 책의 수

반	1반	2반	3반	4반	합계
책의 수(권)	80	52	65		245

(   )

19일 자료의 합계 구하기

이것만 알자 ▸ 모두 몇 개 ➡ 각 항목의 수의 합 구하기

예 나윤이가 3일 동안 딴 귤의 수를 조사하여 그림그래프로 나타내었습니다.
나윤이가 3일 동안 딴 귤은 모두 몇 개인가요?

나윤이가 딴 요일별 귤의 수

요일	귤의 수
월	
화	
수	

🍊 10개
🍊 1개

(나윤이가 3일 동안 딴 귤의 수) = 24 + 40 + 31 = 95(개)

답   95개

---

1 과수원별 배 생산량을 조사하여 그림그래프로 나타내었습니다.
네 과수원에서 생산한 배는 모두 몇 상자인가요?

과수원별 배 생산량

과수원	배 생산량
가	
나	
다	
라	

📦 100상자
📦 10상자

(상자)

2 한 달 동안 모은 반별 헌 종이의 무게를 조사하여 그림그래프로 나타내었습니다.
네 반에서 한 달 동안 모은 헌 종이는 모두 몇 kg인가요?

한 달 동안 모은 반별 헌 종이의 무게

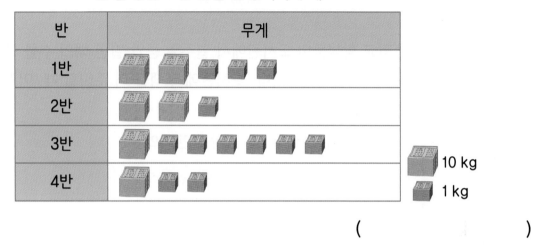

반	무게
1반	
2반	
3반	
4반	

10 kg

1 kg

(   )

3 지안이네 마을의 농장별 딸기 판매량을 조사하여 그림그래프로 나타내었습니다.
지안이네 마을의 농장에서 판매한 딸기는 모두 몇 kg인가요?

농장별 딸기 판매량

농장	판매량
송송	
새롬	
아름	
달콤	

100 kg

10 kg

(   )

19일 가장 많이 준비해야 할 항목 구하기

이것만 알자

가장 많이 준비해야 할 것
→ 자료의 수가 가장 큰 항목 찾기

예 윤석이네 학교 학생들이 도서관에서 일주일 동안 빌린 책의 수를 조사하여 그림그래프로 나타내었습니다. 도서관에서 책을 더 준비할 때, 어떤 책을 가장 많이 준비해야 할까요?

도서관에서 일주일 동안 빌린 책의 수

종류	책의 수
과학책	📗📗📗📖📖📖📖
위인전	📗📗📗📗📖
동화책	📗📗

📗 10권
📖 1권

도서관에서 일주일 동안 가장 많이 빌린 책은 위인전입니다.

➡ 가장 많이 준비해야 할 책: 위인전

답   **예** 위인전

---

1 어느 빵집에서 이번 주에 팔린 빵의 수를 조사하여 그림그래프로 나타내었습니다. 이 빵집에서 다음 주에는 어떤 빵을 가장 많이 준비해야 할까요?

이번 주에 팔린 종류별 빵의 수

종류	빵의 수
크림빵	🥖🥖🥖🥐🥐
마늘빵	🥐🥐🥐🥐🥐🥐🥐
팥빵	🥐🥐🥐🥐🥐

🥖 100개
🥐 10개

(   )

왼쪽 **①**번과 같이 문제의 핵심 부분에 색칠하고,
문제를 풀어 보세요.

정답 21쪽

2 어느 꽃집에서 이번 주에 팔린 꽃의 수를 조사하여 그림그래프로 나타내었습니다.
이 꽃집에서 다음 주에는 어떤 꽃을 가장 많이 준비해야 할까요?

이번 주에 팔린 종류별 꽃의 수

종류	꽃의 수
튤립	✿ ✿ ✿ ❀
장미	✿ ✿ ✿ ✿ ✿ ❀ ❀
해바라기	✿ ✿ ✿ ❀ ❀ ❀
백합	✿ ❀ ❀ ❀ ❀ ❀

✿ 100송이
❀ 10송이

(   )

3 어느 음식점에서 일주일 동안 팔린 종류별 음식의 수를 조사하여 그림그래프로
나타내었습니다. 이 음식점에서 다음 주에는 어떤 음식의 재료를 가장 많이 준비해야
할까요?

일주일 동안 팔린 종류별 음식의 수

종류	판매량
비빔밥	🥣 🥣 🥣 🥣 🥣 🥣
칼국수	🥣 🥣 🥣
냉면	🥣 🥣 🥣 🥣 🥣 🥣 🥣
김치찌개	🥣 🥣 🥣 🥣 🥣

🥣 100그릇
🥣 10그릇

(   )

20일 마무리하기

[❶~❷] 마을에 있는 자전거 수를 조사하여 그림그래프로 나타내었습니다. 물음에 답하세요.

마을에 있는 자전거 수

마을	자전거 수
가	🚲 🚲 🚲 🚲
나	🚲 🚲
다	🚲 🚲 🚲
라	🚲 🚲 🚲 🚲

🚲 10대　🚲 1대

90쪽

❶ 자전거가 가장 많은 마을은 어느 마을인가요?

(　　　　　　　　)

94쪽

❷ 네 마을에 있는 자전거는 모두 몇 대인가요?

(　　　　　　　　)

[❸~❹] 어느 가게에서 5월부터 8월까지 팔린 운동화 수를 조사하여 그림그래프로 나타내었습니다. 물음에 답하세요.

월별 팔린 운동화 수

월	운동화 수
5월	👟 👟 👟 👟
6월	👟 👟 👟 👟 👟
7월	👟 👟 👟 👟
8월	👟 👟 👟 👟

👟 10켤레　👟 1켤레

90쪽

❸ 운동화가 가장 적게 팔린 달은 몇 월인가요?

(　　　　　　　　)

94쪽

❹ 5월부터 8월까지 팔린 운동화는 모두 몇 켤레인가요?

(　　　　　　　　)

92쪽

5 승수네 반 학생들이 좋아하는 과일을 조사하여 표로 나타내었습니다. 가장 많은 학생이 좋아하는 과일은 무엇인가요?

좋아하는 과일별 학생 수

과일	사과	딸기	포도	귤	합계
학생 수 (명)	5	8		6	22

( )

92쪽

6 준우네 학교 3학년 반별 학생 수를 조사하여 표로 나타내었습니다. 학생 수가 가장 적은 반은 몇 반인가요?

반별 학생 수

반	1반	2반	3반	4반	합계
학생 수 (명)		23	20	27	95

( )

[**7**~**8**] 명지네 학교 3학년 학생들이 좋아하는 음료수를 조사하여 표로 나타내었습니다. 물음에 답하세요.

좋아하는 음료수별 학생 수

음료수	주스	사이다	식혜	콜라	합계
남학생 수(명)	16	24	9		82
여학생 수(명)	41		22	7	85

92쪽

7 가장 적은 남학생이 좋아하는 음료수는 무엇인가요?

( )

8 96쪽   **도전 문제**

명지네 학교 3학년 여학생들에게 나누어 줄 음료수를 준비할 때, 가장 많이 준비해야 할 음료수는 무엇인가요?

❶ 사이다를 좋아하는 여학생 수

→ ( )

❷ 가장 많이 준비해야 할 음료수

→ ( )

1회 실력 평가

1 구슬이 한 봉지에 162개씩 들어
있습니다. 8봉지에 들어 있는 구슬은
모두 몇 개인가요?

(　　　　　　　　)

3 책 205권을 책꽂이 한 칸에 9권씩
꽂으려고 합니다. 책꽂이 몇 칸에
꽂을 수 있고, 남는 책은 몇 권인가요?

(　　　　 , 　　　　)

2 털실 뭉치 68개를 4모둠에 똑같이
나누어 주려고 합니다. 한 모둠에
털실 뭉치를 몇 개씩 줄 수 있을까요?

(　　　　　　　　)

4 선아는 반지름이 11 cm인 원을
그렸고, 은주는 지름이 23 cm인 원을
그렸습니다. 더 큰 원을 그린 사람은
누구인가요?

(　　　　　　　　)

정답 22쪽

5 어머니가 카레를 만드는 데 감자 21개의 $\frac{2}{7}$ 를 사용했습니다. 카레를 만드는 데 사용한 감자는 몇 개인가요?

(   )

6 물 3 L 150 mL가 들어 있는 어항에 물 2 L 900 mL를 더 넣었습니다. 어항에 들어 있는 물의 양은 모두 몇 L 몇 mL인가요?

(   )

7 영재는 과수원에서 사과를 어제는 4 kg 600 g 땄고, 오늘은 5 kg 850 g 땄습니다. 영재가 어제와 오늘 딴 사과는 모두 몇 kg 몇 g인가요?

(   )

8 태진이네 학교 3학년 학생들이 좋아하는 과목을 조사하여 그림그래프로 나타내었습니다. 가장 많은 학생이 좋아하는 과목은 무엇인가요?

좋아하는 과목별 학생 수

과목	학생 수
국어	☺ ☺ ☺ ☺ ☺
수학	☺ ☺ ☺ ☺
사회	☺ ☺ ☺ ☺ ☺
과학	☺ ☺ ☺ ☺ ☺

☺ 10명   ☺ 1명

(   )

2회 실력 평가

1 약과 162개를 한지 한 장에 6개씩 포장하려고 합니다. 한지는 몇 장 필요할까요?

(   )

2 블록 71개를 5명에게 똑같이 나누어 주려고 합니다. 한 명에게 블록을 몇 개씩 줄 수 있고, 남는 블록은 몇 개인가요?

(,   )

3 원의 반지름은 같게 하고, 원의 중심을 다르게 하여 그린 친구의 이름을 써 보세요.

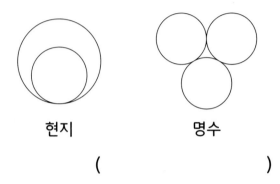

현지   명수

(   )

4 국어 공부를 윤후는 $\dfrac{11}{5}$시간 동안 했고, 은혜는 $2\dfrac{4}{5}$시간 동안 했습니다. 국어 공부를 더 오래 한 사람은 누구인가요?

(   )

정답 22쪽

5 참기름 4 L 100 mL 중에서
1 L 250 mL를 사용했습니다.
남은 참기름은 몇 L 몇 mL인가요?

(   )

6 밀가루 6 kg 250 g 중에서
2 kg 850 g을 사용하여 빵을
만들었습니다. 남은 밀가루의 무게는
몇 kg 몇 g인가요?

(   )

7 사과가 한 상자에 17개씩 59상자
있고, 배가 한 상자에 23개씩 42상자
있습니다. 더 많은 과일은 무엇인가요?

(   )

8 가구별 콩 수확량을 조사하여
그림그래프로 나타내었습니다.
네 가구에서 수확한 콩은 모두
몇 kg인가요?

가구별 콩 수확량

가구	수확량
가	
나	
다	
라	

🛍 10 kg   🛍 1 kg

(   )

MEMO

공부로 이끄는 힘!

완자 공부력

매일 80쪽씩 14일 동안 읽으면 모두 몇 쪽 일까요?

정답과 해설

정답과 해설
QR코드

visang

ABOVE IMAGINATION

우리는 남다른 상상과 혁신으로
교육 문화의 새로운 전형을 만들어
모든 이의 행복한 경험과 성장에 기여한다

공부로 이끄는 힘!

완자 공부력

교과서 문해력
수학 문장제 기본 3B

< 정답과 해설 >

1 곱셈

10-11쪽

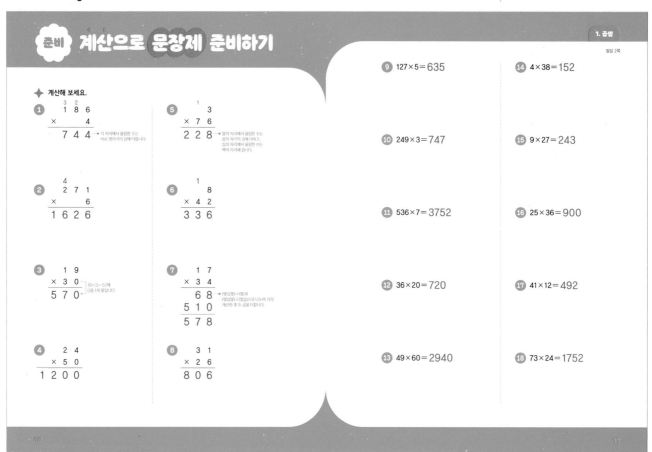

준비 계산으로 문장제 준비하기

◆ 계산해 보세요.

①
```
  3 2
  1 8 6
×     4
───────
  7 4 4
```
→ 각 자리에서 올림한 수는 바로 윗자리의 곱에 더합니다.

②
```
    4
  2 7 1
×     6
───────
1 6 2 6
```

③
```
    1 9
×   3 0
───────
  5 7 0
```
19×3=57에 0을 1개 붙입니다.

④
```
    2 4
×   5 0
───────
1 2 0 0
```

⑤
```
      1
      3
×   7 6
───────
  2 2 8
```
일의 자리에서 올림한 수는 십의 자리의 곱에 더하고, 십의 자리에서 올림한 수는 백의 자리에 씁니다.

⑥
```
    1
    8
×   4 2
───────
  3 3 6
```

⑦
```
    1 7
×   3 4
───────
    6 8
  5 1 0
───────
  5 7 8
```
(몇십몇)×(몇)과 (몇십몇)×(몇십)으로 나누어 각각 계산한 후 곱을 더합니다.

⑧
```
    3 1
×   2 6
───────
  8 0 6
```

⑨ 127×5=635

⑩ 249×3=747

⑪ 536×7=3752

⑫ 36×20=720

⑬ 49×60=2940

⑭ 4×38=152

⑮ 9×27=243

⑯ 25×36=900

⑰ 41×12=492

⑱ 73×24=1752

12-13쪽

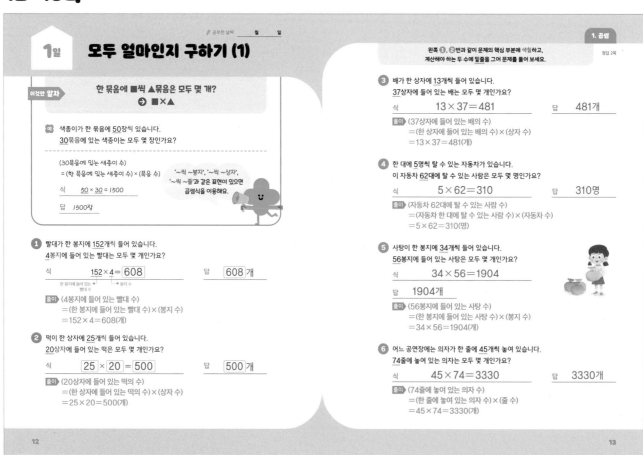

✏ 공부한 날짜 _____ 월 _____ 일

1일 모두 얼마인지 구하기 (1)

이것만 알자 한 묶음에 ■씩 ▲묶음은 모두 몇 개?
➡ ■×▲

예 색종이가 한 묶음에 50장씩 있습니다.
30묶음에 있는 색종이는 모두 몇 장인가요?

─────────────────

(30묶음에 있는 색종이 수)
= (한 묶음에 있는 색종이 수) × (묶음 수)

'~씩 ~봉지', '~씩 ~상자', '~씩 ~줄'과 같은 표현이 있으면 곱셈식을 이용해요.

식   50×30=1500

답   1500장

① 빨대가 한 봉지에 152개씩 들어 있습니다.
4봉지에 들어 있는 빨대는 모두 몇 개인가요?

식   152×4=608
     한 봉지에 들어 있는 빨대 수

답   608개

풀이 (4봉지에 들어 있는 빨대 수)
= (한 봉지에 들어 있는 빨대 수) × (봉지 수)
= 152×4=608(개)

② 떡이 한 상자에 25개씩 들어 있습니다.
20상자에 들어 있는 떡은 모두 몇 개인가요?

식   25 × 20 = 500

답   500개

풀이 (20상자에 들어 있는 떡의 수)
= (한 상자에 들어 있는 떡의 수) × (상자 수)
= 25×20=500(개)

왼쪽 ①, ②번과 같이 문제의 핵심 부분에 색칠하고,
계산해야 하는 두 수에 밑줄을 그어 문제를 풀어 보세요.

③ 배가 한 상자에 13개씩 들어 있습니다.
37상자에 들어 있는 배는 모두 몇 개인가요?

식   13×37=481

답   481개

풀이 (37상자에 들어 있는 배의 수)
= (한 상자에 들어 있는 배의 수) × (상자 수)
= 13×37=481(개)

④ 한 대에 5명씩 탈 수 있는 자동차가 있습니다.
이 자동차 62대에 탈 수 있는 사람은 모두 몇 명인가요?

식   5×62=310

답   310명

풀이 (자동차 62대에 탈 수 있는 사람 수)
= (자동차 한 대에 탈 수 있는 사람 수) × (자동차 수)
= 5×62=310(명)

⑤ 사탕이 한 봉지에 34개씩 들어 있습니다.
56봉지에 들어 있는 사탕은 모두 몇 개인가요?

식   34×56=1904

답   1904개

풀이 (56봉지에 들어 있는 사탕 수)
= (한 봉지에 들어 있는 사탕 수) × (봉지 수)
= 34×56=1904(개)

⑥ 어느 공연장에는 의자가 한 줄에 45개씩 놓여 있습니다.
74줄에 놓여 있는 의자는 모두 몇 개인가요?

식   45×74=3330

답   3330개

풀이 (74줄에 놓여 있는 의자 수)
= (한 줄에 놓여 있는 의자 수) × (줄 수)
= 45×74=3330(개)

14-15쪽

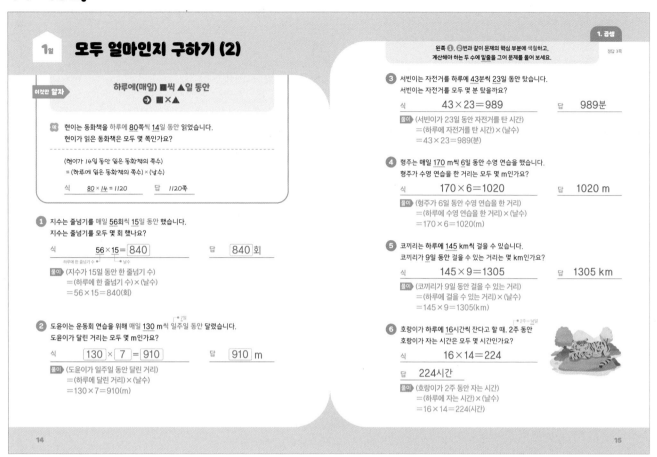

1일 모두 얼마인지 구하기 (2)

이것만 알자

하루에(매일) ■씩 ▲일 동안
→ ■×▲

예 현이는 동화책을 하루에 80쪽씩 14일 동안 읽었습니다.
현이가 읽은 동화책은 모두 몇 쪽인가요?

(현이가 14일 동안 읽은 동화책의 쪽수)
= (하루에 읽은 동화책의 쪽수) × (날수)

식 80 × 14 = 1120   답 1120쪽

1 지수는 줄넘기를 매일 56회씩 15일 동안 했습니다.
지수는 줄넘기를 모두 몇 회 했나요?

식 56 × 15 = 840   답 840 회
하루에 한 줄넘기 수 · 날수

풀이 (지수가 15일 동안 한 줄넘기 수)
= (하루에 한 줄넘기 수) × (날수)
= 56 × 15 = 840(회)

2 도윤이는 운동회 연습을 위해 매일 130 m씩 일주일 동안 달렸습니다.
도윤이가 달린 거리는 모두 몇 m인가요?

식 130 × 7 = 910   답 910 m

풀이 (도윤이가 일주일 동안 달린 거리)
= (하루에 달린 거리) × (날수)
= 130 × 7 = 910(m)

왼쪽 ❶, ❷번과 같이 문제의 핵심 부분에 색칠하고,
계산해야 하는 두 수에 밑줄을 그어 문제를 풀어 보세요.

정답 3쪽

3 서빈이는 자전거를 하루에 43분씩 23일 동안 탔습니다.
서빈이는 자전거를 모두 몇 분 탔을까요?

식 43 × 23 = 989   답 989분

풀이 (서빈이가 23일 동안 자전거를 탄 시간)
= (하루에 자전거를 탄 시간) × (날수)
= 43 × 23 = 989(분)

4 형주는 매일 170 m씩 6일 동안 수영 연습을 했습니다.
형주가 수영 연습을 한 거리는 모두 몇 m인가요?

식 170 × 6 = 1020   답 1020 m

풀이 (형주가 6일 동안 수영 연습을 한 거리)
= (하루에 수영 연습을 한 거리) × (날수)
= 170 × 6 = 1020(m)

5 코끼리는 하루에 145 km씩 걸을 수 있습니다.
코끼리가 9일 동안 걸을 수 있는 거리는 몇 km인가요?

식 145 × 9 = 1305   답 1305 km

풀이 (코끼리가 9일 동안 걸을 수 있는 거리)
= (하루에 걸을 수 있는 거리) × (날수)
= 145 × 9 = 1305(km)

6 호랑이가 하루에 16시간씩 잔다고 할 때, 2주 동안
호랑이가 자는 시간은 모두 몇 시간인가요?

식 16 × 14 = 224
2주=14일

답 224시간

풀이 (호랑이가 2주 동안 자는 시간)
= (하루에 자는 시간) × (날수)
= 16 × 14 = 224(시간)

14   15

16-17쪽

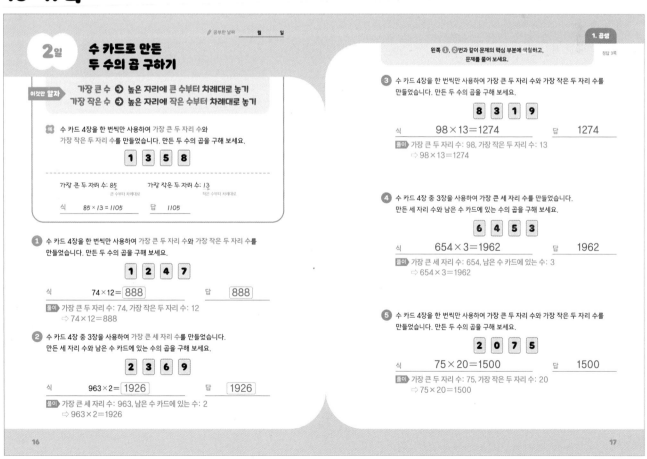

✏ 공부한 날짜   월   일

2일 수 카드로 만든 두 수의 곱 구하기

이것만 알자

가장 큰 수 → 높은 자리에 큰 수부터 차례대로 놓기
가장 작은 수 → 높은 자리에 작은 수부터 차례대로 놓기

예 수 카드 4장을 한 번씩만 사용하여 가장 큰 두 자리 수와
가장 작은 두 자리 수를 만들었습니다. 만든 두 수의 곱을 구해 보세요.

1 3 5 8

가장 큰 두 자리 수: 85   가장 작은 두 자리 수: 13
큰 수부터 차례대로   작은 수부터 차례대로

식 85 × 13 = 1105   답 1105

1 수 카드 4장을 한 번씩만 사용하여 가장 큰 두 자리 수와 가장 작은 두 자리 수를
만들었습니다. 만든 두 수의 곱을 구해 보세요.

1 2 4 7

식 74 × 12 = 888   답 888

풀이 가장 큰 두 자리 수: 74, 가장 작은 두 자리 수: 12
⇨ 74 × 12 = 888

2 수 카드 4장 중 3장을 사용하여 가장 큰 세 자리 수를 만들었습니다.
만든 세 자리 수와 남은 수 카드에 있는 수의 곱을 구해 보세요.

2 3 6 9

식 963 × 2 = 1926   답 1926

풀이 가장 큰 세 자리 수: 963, 남은 수 카드에 있는 수: 2
⇨ 963 × 2 = 1926

왼쪽 ❶, ❷번과 같이 문제의 핵심 부분에 색칠하고,
문제를 풀어 보세요.

정답 3쪽

3 수 카드 4장을 한 번씩만 사용하여 가장 큰 두 자리 수와 가장 작은 두 자리 수를
만들었습니다. 만든 두 수의 곱을 구해 보세요.

8 3 1 9

식 98 × 13 = 1274   답 1274

풀이 가장 큰 두 자리 수: 98, 가장 작은 두 자리 수: 13
⇨ 98 × 13 = 1274

4 수 카드 4장 중 3장을 사용하여 가장 큰 세 자리 수를 만들었습니다.
만든 세 자리 수와 남은 수 카드에 있는 수의 곱을 구해 보세요.

6 4 5 3

식 654 × 3 = 1962   답 1962

풀이 가장 큰 세 자리 수: 654, 남은 수 카드에 있는 수: 3
⇨ 654 × 3 = 1962

5 수 카드 4장을 한 번씩만 사용하여 가장 큰 두 자리 수와 가장 작은 두 자리 수를
만들었습니다. 만든 두 수의 곱을 구해 보세요.

2 0 7 5

식 75 × 20 = 1500   답 1500

풀이 가장 큰 두 자리 수: 75, 가장 작은 두 자리 수: 20
⇨ 75 × 20 = 1500

16   17

1 곱셈

18-19쪽

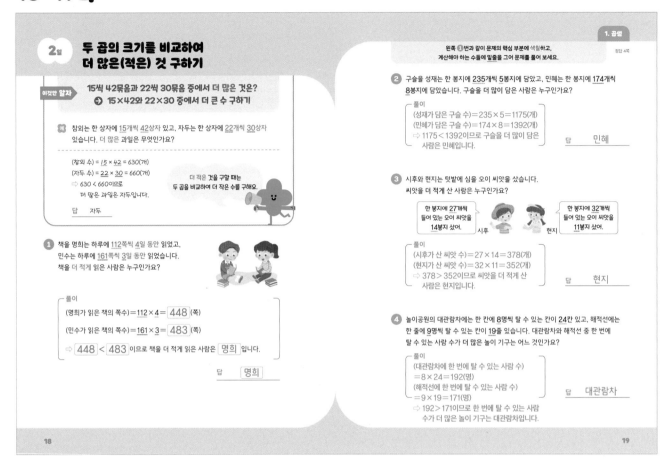

2일 두 곱의 크기를 비교하여 더 많은(적은) 것 구하기

이것만 알자 15씩 42묶음과 22씩 30묶음 중에서 더 많은 것은?
➡ 15×42와 22×30 중에서 더 큰 수 구하기

예 참외는 한 상자에 15개씩 42상자 있고, 자두는 한 상자에 22개씩 30상자 있습니다. 더 많은 과일은 무엇인가요?

(참외 수) = 15 × 42 = 630(개)
(자두 수) = 22 × 30 = 660(개)
➡ 630 < 660이므로
더 많은 과일은 자두입니다.

답 자두

더 적은 것을 구할 때는 두 곱을 비교하여 더 작은 수를 구해요.

1 책을 명희는 하루에 112쪽씩 4일 동안 읽었고, 민수는 하루에 161쪽씩 3일 동안 읽었습니다. 책을 더 적게 읽은 사람은 누구인가요?

풀이
(명희가 읽은 책의 쪽수)=112×4= 448 (쪽)
(민수가 읽은 책의 쪽수)=161×3= 483 (쪽)
➡ 448 < 483 이므로 책을 더 적게 읽은 사람은 명희 입니다.

답 명희

왼쪽 **1**번과 같이 문제의 핵심 부분에 색칠하고, 계산해야 하는 수들에 밑줄을 그어 문제를 풀어 보세요.

정답 4쪽

2 구슬을 성재는 한 봉지에 235개씩 5봉지에 담았고, 민혜는 한 봉지에 174개씩 8봉지에 담았습니다. 구슬을 더 많이 담은 사람은 누구인가요?

풀이
(성재가 담은 구슬 수)=235×5=1175(개)
(민혜가 담은 구슬 수)=174×8=1392(개)
➡ 1175<1392이므로 구슬을 더 많이 담은 사람은 민혜입니다.

답 민혜

3 시후와 현지는 텃밭에 심을 오이 씨앗을 샀습니다. 씨앗을 더 적게 산 사람은 누구인가요?

한 봉지에 27개씩 들어 있는 오이 씨앗을 14봉지 샀어. 시후
한 봉지에 32개씩 들어 있는 오이 씨앗을 11봉지 샀어. 현지

풀이
(시후가 산 씨앗 수)=27×14=378(개)
(현지가 산 씨앗 수)=32×11=352(개)
➡ 378>352이므로 씨앗을 더 적게 산 사람은 현지입니다.

답 현지

4 놀이공원의 대관람차에는 한 칸에 8명씩 탈 수 있는 칸이 24칸 있고, 해적선에는 한 줄에 9명씩 탈 수 있는 칸이 19줄 있습니다. 대관람차와 해적선 중 한 번에 탈 수 있는 사람 수가 더 많은 놀이 기구는 어느 것인가요?

풀이
(대관람차에 한 번에 탈 수 있는 사람 수)
=8×24=192(명)
(해적선에 한 번에 탈 수 있는 사람 수)
=9×19=171(명)
➡ 192>171이므로 한 번에 탈 수 있는 사람 수가 더 많은 놀이 기구는 대관람차입니다.

답 대관람차

18   19

20-21쪽

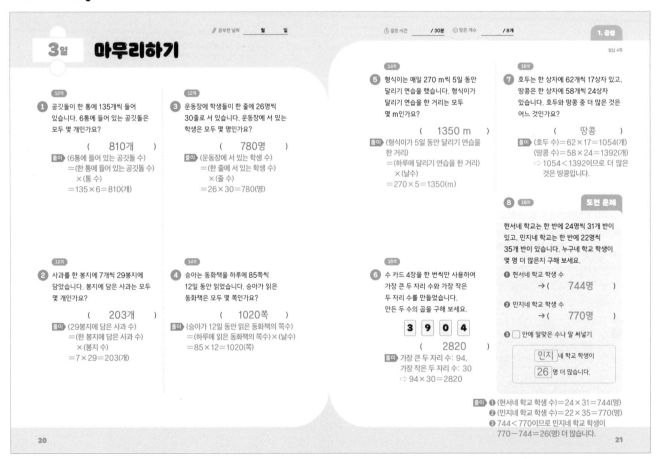

3일 마무리하기

✏ 공부한 날짜 월 일
⏱ 걸린 시간 /30분 ○ 맞은 개수 /8개

1. 곱셈

정답 4쪽

12쪽
1 공깃돌이 한 통에 135개씩 들어 있습니다. 6통에 들어 있는 공깃돌은 모두 몇 개인가요?

(810개)
풀이 (6통에 들어 있는 공깃돌 수)
=(한 통에 들어 있는 공깃돌 수)
×(통 수)
=135×6=810(개)

12쪽
3 운동장에 학생들이 한 줄에 26명씩 30줄로 서 있습니다. 운동장에 서 있는 학생은 모두 몇 명인가요?

(780명)
풀이 (운동장에 서 있는 학생 수)
=(한 줄에 서 있는 학생 수)
×(줄 수)
=26×30=780(명)

12쪽
2 사과를 한 봉지에 7개씩 29봉지에 담았습니다. 봉지에 담은 사과는 모두 몇 개인가요?

(203개)
풀이 (29봉지에 담은 사과 수)
=(한 봉지에 담은 사과 수)
×(봉지 수)
=7×29=203(개)

14쪽
4 승아는 동화책을 하루에 85쪽씩 12일 동안 읽었습니다. 승아가 읽은 동화책은 모두 몇 쪽인가요?

(1020쪽)
풀이 (승아가 12일 동안 읽은 동화책의 쪽수)
=(하루에 읽은 동화책의 쪽수)×(날수)
=85×12=1020(쪽)

14쪽
5 형식이는 매일 270 m씩 5일 동안 달리기 연습을 했습니다. 형식이가 달리기 연습을 한 거리는 모두 몇 m인가요?

(1350 m)
풀이 (형식이가 5일 동안 달리기 연습을 한 거리)
=(하루에 달리기 연습을 한 거리)×(날수)
=270×5=1350(m)

16쪽
6 수 카드 4장을 한 번씩만 사용하여 가장 큰 두 자리 수와 가장 작은 두 자리 수를 만들었습니다. 만든 두 수의 곱을 구해 보세요.

3 9 0 4

(2820)
풀이 가장 큰 두 자리 수: 94,
가장 작은 두 자리 수: 30
➡ 94×30=2820

18쪽
7 호두는 한 상자에 62개씩 17상자 있고, 땅콩은 한 상자에 58개씩 24상자 있습니다. 호두와 땅콩 중 더 많은 것은 어느 것인가요?

(땅콩)
풀이 (호두 수)=62×17=1054(개)
(땅콩 수)=58×24=1392(개)
➡ 1054<1392이므로 더 많은 것은 땅콩입니다.

8 18쪽   **도전 문제**

현서네 학교는 한 반에 24명씩 31개 반이 있고, 민지네 학교는 한 반에 22명씩 35개 반이 있습니다. 누구네 학교 학생이 몇 명 더 많은지 구해 보세요.

❶ 현서네 학교 학생 수
→(744명)

❷ 민지네 학교 학생 수
→(770명)

❸ □ 안에 알맞은 수나 말 써넣기

민지 네 학교 학생이
26 명 더 많습니다.

풀이 ❶ (현서네 학교 학생 수)=24×31=744(명)
❷ (민지네 학교 학생 수)=22×35=770(명)
❸ 744<770이므로 민지네 학교 학생이 770-744=26(명) 더 많습니다.

20   21

4

2 나눗셈

24-25쪽

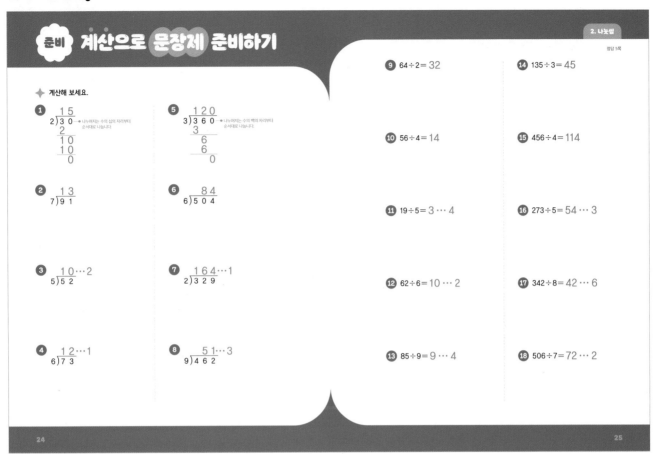

준비 계산으로 문장제 준비하기

정답 5쪽

✦ 계산해 보세요.

①
```
     1 5
2 ) 3 0
    2
    1 0
    1 0
        0
```
→나누어지는 수의 십의 자리부터 순서대로 나눕니다.

②
```
     1 3
7 ) 9 1
```

③
```
     1 0 … 2
5 ) 5 2
```

④
```
     1 2 … 1
6 ) 7 3
```

⑤
```
       1 2 0
3 ) 3 6 0
    3
      6
      6
        0
```
→나누어지는 수의 백의 자리부터 순서대로 나눕니다.

⑥
```
       8 4
6 ) 5 0 4
```

⑦
```
     1 6 4 … 1
2 ) 3 2 9
```

⑧
```
       5 1 … 3
9 ) 4 6 2
```

⑨ $64 \div 2 = 32$

⑩ $56 \div 4 = 14$

⑪ $19 \div 5 = 3 \cdots 4$

⑫ $62 \div 6 = 10 \cdots 2$

⑬ $85 \div 9 = 9 \cdots 4$

⑭ $135 \div 3 = 45$

⑮ $456 \div 4 = 114$

⑯ $273 \div 5 = 54 \cdots 3$

⑰ $342 \div 8 = 42 \cdots 6$

⑱ $506 \div 7 = 72 \cdots 2$

26-27쪽

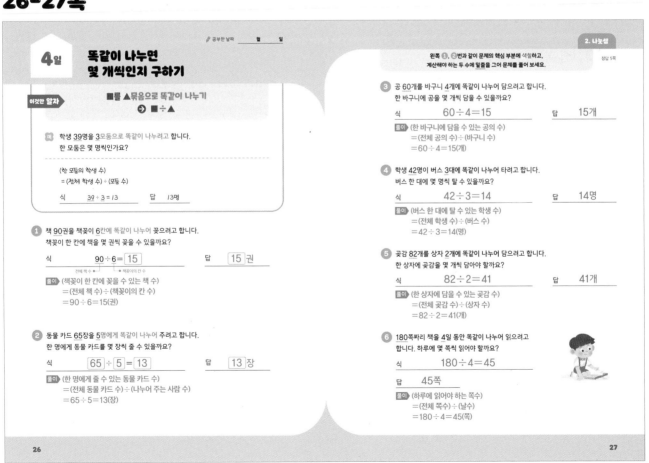

4일 **똑같이 나누면 몇 개씩인지 구하기**

✐ 공부한 날짜   월   일

정답 5쪽

이것만 알자

■를 ▲묶음으로 똑같이 나누기
➔ ■÷▲

📝 학생 39명을 3모둠으로 똑같이 나누려고 합니다.
한 모둠은 몇 명씩인가요?

(한 모둠의 학생 수)
= (전체 학생 수) ÷ (모둠 수)

식   39 ÷ 3 = 13   답   13명

① 책 90권을 책꽂이 6칸에 똑같이 나누어 꽂으려고 합니다.
책꽂이 한 칸에 책을 몇 권씩 꽂을 수 있을까요?

식   90 ÷ 6 = 15   답   15권
   전체 책수↗   ↖책꽂이의 칸수

풀이 (책꽂이 한 칸에 꽂을 수 있는 책 수)
= (전체 책 수) ÷ (책꽂이의 칸 수)
= 90 ÷ 6 = 15(권)

② 동물 카드 65장을 5명에게 똑같이 나누어 주려고 합니다.
한 명에게 동물 카드를 몇 장씩 줄 수 있을까요?

식   65 ÷ 5 = 13   답   13장

풀이 (한 명에게 줄 수 있는 동물 카드 수)
= (전체 동물 카드 수) ÷ (나누어 주는 사람 수)
= 65 ÷ 5 = 13(장)

왼쪽 ①, ②번과 같이 문제의 핵심 부분에 색칠하고,
계산해야 하는 두 수에 밑줄을 그어 문제를 풀어 보세요.

③ 공 60개를 바구니 4개에 똑같이 나누어 담으려고 합니다.
한 바구니에 공을 몇 개씩 담을 수 있을까요?

식   60 ÷ 4 = 15   답   15개

풀이 (한 바구니에 담을 수 있는 공의 수)
= (전체 공의 수) ÷ (바구니 수)
= 60 ÷ 4 = 15(개)

④ 학생 42명이 버스 3대에 똑같이 나누어 타려고 합니다.
버스 한 대에 몇 명씩 탈 수 있을까요?

식   42 ÷ 3 = 14   답   14명

풀이 (버스 한 대에 탈 수 있는 학생 수)
= (전체 학생 수) ÷ (버스 수)
= 42 ÷ 3 = 14(명)

⑤ 곶감 82개를 상자 2개에 똑같이 나누어 담으려고 합니다.
한 상자에 곶감을 몇 개씩 담아야 할까요?

식   82 ÷ 2 = 41   답   41개

풀이 (한 상자에 담을 수 있는 곶감 수)
= (전체 곶감 수) ÷ (상자 수)
= 82 ÷ 2 = 41(개)

⑥ 180쪽짜리 책을 4일 동안 똑같이 나누어 읽으려고
합니다. 하루에 몇 쪽씩 읽어야 할까요?

식   180 ÷ 4 = 45

답   45쪽

풀이 (하루에 읽어야 하는 쪽수)
= (전체 쪽수) ÷ (날수)
= 180 ÷ 4 = 45(쪽)

2 나눗셈

28-29쪽

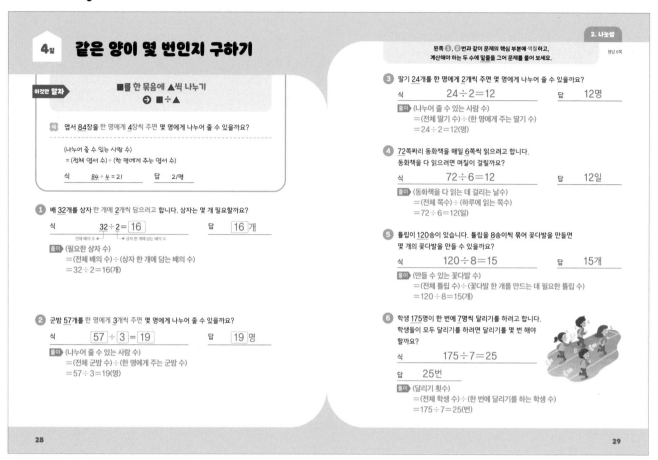

4일 같은 양이 몇 번인지 구하기

이것만 알자

■를 한 묶음에 ▲씩 나누기
➡ ■÷▲

예 엽서 84장을 한 명에게 4장씩 주면 몇 명에게 나누어 줄 수 있을까요?

(나누어 줄 수 있는 사람 수)
= (전체 엽서 수) ÷ (한 명에게 주는 엽서 수)

식 84÷4=21   답 21명

① 배 32개를 상자 한 개에 2개씩 담으려고 합니다. 상자는 몇 개 필요할까요?

식 32÷2=16   답 16개

풀이 (필요한 상자 수)
= (전체 배의 수) ÷ (상자 한 개에 담는 배의 수)
= 32÷2=16(개)

② 군밤 57개를 한 명에게 3개씩 주면 몇 명에게 나누어 줄 수 있을까요?

식 57÷3=19   답 19명

풀이 (나누어 줄 수 있는 사람 수)
= (전체 군밤 수) ÷ (한 명에게 주는 군밤 수)
= 57÷3=19(명)

왼쪽 ❶, ❷번과 같이 문제의 핵심 부분에 색칠하고,
계산해야 하는 두 수에 밑줄을 그어 문제를 풀어 보세요.   정답 6쪽

③ 딸기 24개를 한 명에게 2개씩 주면 몇 명에게 나누어 줄 수 있을까요?

식 24÷2=12   답 12명

풀이 (나누어 줄 수 있는 사람 수)
= (전체 딸기 수) ÷ (한 명에게 주는 딸기 수)
= 24÷2=12(명)

④ 72쪽짜리 동화책을 매일 6쪽씩 읽으려고 합니다. 동화책을 다 읽으려면 며칠이 걸릴까요?

식 72÷6=12   답 12일

풀이 (동화책을 다 읽는 데 걸리는 날수)
= (전체 쪽수) ÷ (하루에 읽는 쪽수)
= 72÷6=12(일)

⑤ 튤립이 120송이 있습니다. 튤립을 8송이씩 묶어 꽃다발을 만들면 몇 개의 꽃다발을 만들 수 있을까요?

식 120÷8=15   답 15개

풀이 (만들 수 있는 꽃다발 수)
= (전체 튤립 수) ÷ (꽃다발 한 개를 만드는 데 필요한 튤립 수)
= 120÷8=15(개)

⑥ 학생 175명이 한 번에 7명씩 달리기를 하려고 합니다. 학생들이 모두 달리기를 하려면 달리기를 몇 번 해야 할까요?

식 175÷7=25

답 25번

풀이 (달리기 횟수)
= (전체 학생 수) ÷ (한 번에 달리기를 하는 학생 수)
= 175÷7=25(번)

28   29

30-31쪽

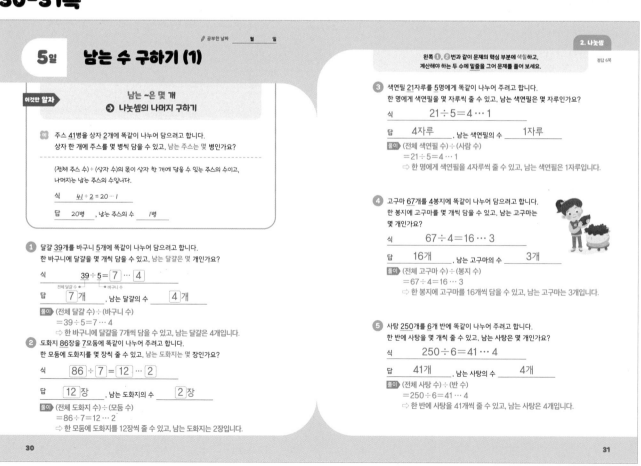

5일 남는 수 구하기 (1)

공부한 날짜   월   일

이것만 알자

남는 ~은 몇 개
➡ 나눗셈의 나머지 구하기

예 주스 41병을 상자 2개에 똑같이 나누어 담으려고 합니다. 상자 한 개에 주스를 몇 병씩 담을 수 있고, 남는 주스는 몇 병인가요?

(전체 주스 수) ÷ (상자 수)의 몫이 상자 한 개에 담을 수 있는 주스의 수이고,
나머지는 남는 주스의 수입니다.

식 41÷2=20…1

답 20병 , 남는 주스의 수 1병

① 달걀 39개를 바구니 5개에 똑같이 나누어 담으려고 합니다. 한 바구니에 달걀을 몇 개씩 담을 수 있고, 남는 달걀은 몇 개인가요?

식 39÷5=7…4

답 7개 , 남는 달걀의 수 4개

풀이 (전체 달걀 수) ÷ (바구니 수)
= 39÷5=7…4
⇨ 한 바구니에 달걀을 7개씩 담을 수 있고, 남는 달걀은 4개입니다.

② 도화지 86장을 7모둠에 똑같이 나누어 주려고 합니다. 한 모둠에 도화지를 몇 장씩 줄 수 있고, 남는 도화지는 몇 장인가요?

식 86÷7=12…2

답 12장 , 남는 도화지의 수 2장

풀이 (전체 도화지 수) ÷ (모둠 수)
= 86÷7=12…2
⇨ 한 모둠에 도화지를 12장씩 줄 수 있고, 남는 도화지는 2장입니다.

왼쪽 ❶, ❷번과 같이 문제의 핵심 부분에 색칠하고,
계산해야 하는 두 수에 밑줄을 그어 문제를 풀어 보세요.   정답 6쪽

③ 색연필 21자루를 5명에게 똑같이 나누어 주려고 합니다. 한 명에게 색연필을 몇 자루씩 줄 수 있고, 남는 색연필은 몇 자루인가요?

식 21÷5=4…1

답 4자루 , 남는 색연필의 수 1자루

풀이 (전체 색연필 수) ÷ (사람 수)
= 21÷5=4…1
⇨ 한 명에게 색연필을 4자루씩 줄 수 있고, 남는 색연필은 1자루입니다.

④ 고구마 67개를 4봉지에 똑같이 나누어 담으려고 합니다. 한 봉지에 고구마를 몇 개씩 담을 수 있고, 남는 고구마는 몇 개인가요?

식 67÷4=16…3

답 16개 , 남는 고구마의 수 3개

풀이 (전체 고구마 수) ÷ (봉지 수)
= 67÷4=16…3
⇨ 한 봉지에 고구마를 16개씩 담을 수 있고, 남는 고구마는 3개입니다.

⑤ 사탕 250개를 6개 반에 똑같이 나누어 주려고 합니다. 한 반에 사탕을 몇 개씩 줄 수 있고, 남는 사탕은 몇 개인가요?

식 250÷6=41…4

답 41개 , 남는 사탕의 수 4개

풀이 (전체 사탕 수) ÷ (반 수)
= 250÷6=41…4
⇨ 한 반에 사탕을 41개씩 줄 수 있고, 남는 사탕은 4개입니다.

30   31

32-33쪽

5일 남는 수 구하기 (2)

이것만 알자

남는 ~은 몇 개
➡ 나눗셈의 나머지 구하기

예 무지개떡 37개를 상자 한 개에 5개씩 담으려고 합니다.
상자 몇 개에 나누어 담을 수 있고, 남는 떡은 몇 개인가요?

(전체 무지개떡 수)÷(상자 한 개에 담는 무지개떡 수)의 몫이
나누어 담을 수 있는 상자 수이고, 나머지는 남는 떡의 수입니다.

식   37÷5=7···2

답   7개 , 남는 떡의 수   2개

① 비누 52개를 한 반에 3개씩 주려고 합니다.
몇 개 반에 나누어 줄 수 있고, 남는 비누는 몇 개인가요?

식   52÷3= 17 ··· 1
   (전체 비누 수)   (반수)

답 17 개 , 남는 비누의 수 1 개

풀이 (전체 비누 수)÷(한 반에 주는 비누 수)
=52÷3=17···1
➡ 비누를 17개 반에 나누어 줄 수 있고, 남는 비누는 1개입니다.

② 공책 275권을 한 묶음에 9권씩 묶으려고 합니다.
공책은 몇 묶음이 되고, 남는 공책은 몇 권인가요?

식 275 ÷ 9 = 30 ··· 5

답 30 묶음 , 남는 공책의 수 5 권

풀이 (전체 공책 수)÷(한 묶음에 들어가는 공책 수)
=275÷9=30···5
➡ 공책은 30묶음이 되고, 남는 공책은 5권입니다.

왼쪽 ①, ②번과 같이 문제의 핵심 부분을 색칠하고,
계산해야 하는 두 수에 밑줄을 그어 문제를 풀어 보세요.

정답 7쪽

③ 빨대 16개를 한 모둠에 6개씩 주려고 합니다.
빨대를 몇 모둠에 나누어 줄 수 있고, 남는 빨대는 몇 개인가요?

식   16÷6=2 ··· 4

답   2모둠 , 남는 빨대의 수   4개

풀이 (전체 빨대 수)÷(한 모둠에 주는 빨대 수)
=16÷6=2···4
➡ 빨대를 2모둠에 나누어 줄 수 있고, 남는 빨대는 4개입니다.

④ 감 50개로 곶감을 만들려고 합니다. 한 줄에 감을 4개씩 매달면
몇 줄까지 매달 수 있고, 남는 감은 몇 개인가요?

식   50÷4=12 ··· 2

답   12줄 , 남는 감의 수   2개

풀이 (전체 감의 수)÷(한 줄에 매다는 감의 수)
=50÷4=12···2
➡ 감을 12줄까지 매달 수 있고, 남는 감은 2개입니다.

⑤ 포도 362 kg을 한 상자에 8 kg씩 포장하려고 합니다.
상자 몇 개에 포장할 수 있고, 남는 포도는 몇 kg인가요?

식   362÷8=45 ··· 2

답   45개 , 남는 포도의 양   2 kg

풀이 (전체 포도의 양)÷(한 상자에 포장하는 포도의 양)
=362÷8=45···2
➡ 포도를 상자 45개에 포장할 수 있고, 남는 포도는 2 kg입니다.

34-35쪽

✎ 공부한 날짜   월   일

6일 곱셈식에서 어떤 수 구하기 (1)

이것만 알자

어떤 수(□)에 2를 곱했더니 46 ➡ □×2=46
나눗셈식으로 나타내면 ➡ 46÷2=□

예 어떤 수에 2를 곱했더니 46이 되었습니다. 어떤 수는 얼마인가요?

❶ 어떤 수를 □라 하여 곱셈식을 만듭니다.
□ × 2 = 46
❷ 곱셈식을 나눗셈식으로 나타내어 어떤 수를 구합니다.
□ × 2 = 46 ➡ 46 ÷ 2 = □, □ = 23

답   23

① 어떤 수에 4를 곱했더니 52가 되었습니다. 어떤 수는 얼마인가요?

풀이
어떤 수
■ × 4 = 52
➡ 52 ÷ 4 = ■, ■ = 13

답   13

② 어떤 수에 5를 곱했더니 315가 되었습니다. 어떤 수는 얼마인가요?

풀이
어떤 수
■ × 5 = 315
➡ 315 ÷ 5 = ■, ■ = 63

답   63

곱셈식에서 어떤 수 구하기 (2)

정답 7쪽

이것만 알자

3에 어떤 수(□)를 곱했더니 90 ➡ 3×□=90
나눗셈식으로 나타내면 ➡ 90÷3=□

예 3에 어떤 수를 곱했더니 90이 되었습니다. 어떤 수는 얼마인가요?

❶ 어떤 수를 □라 하여 곱셈식을 만듭니다.
3 × □ = 90
❷ 곱셈식을 나눗셈식으로 나타내어 어떤 수를 구합니다.
3 × □ = 90 ➡ 90 ÷ 3 = □, □ = 30

답   30

① 6에 어떤 수를 곱했더니 84가 되었습니다. 어떤 수는 얼마인가요?

풀이
어떤 수
6 × ■ = 84
➡ 84 ÷ 6 = ■, ■ = 14

답   14

② 7에 어떤 수를 곱했더니 413이 되었습니다. 어떤 수는 얼마인가요?

풀이
어떤 수
7 × ■ = 413
➡ 413 ÷ 7 = ■, ■ = 59

답   59

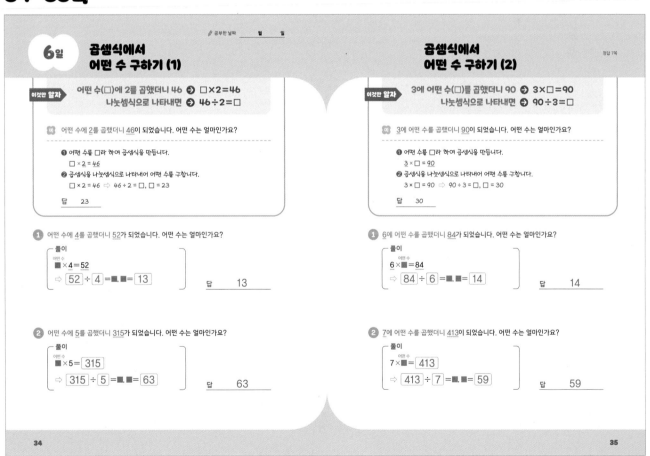

2 나눗셈

36-37쪽

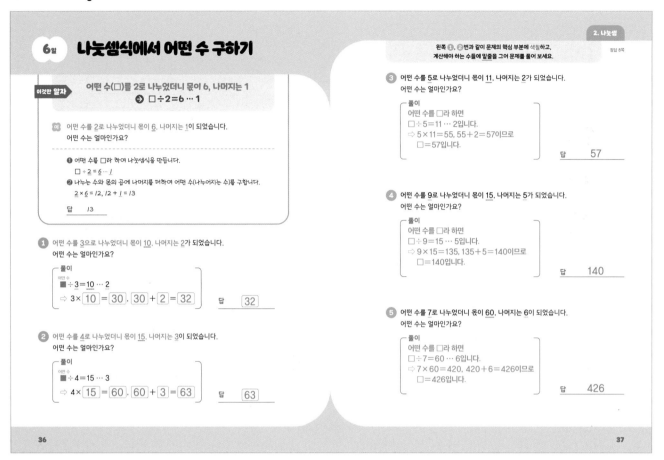

6일 나눗셈식에서 어떤 수 구하기

이것만 알자
어떤 수(□)를 2로 나누었더니 몫이 6, 나머지는 1
➡ □÷2=6…1

예 어떤 수를 2로 나누었더니 몫이 6, 나머지는 1이 되었습니다.
어떤 수는 얼마인가요?

❶ 어떤 수를 □라 하여 나눗셈식을 만듭니다.
□÷2=6…1
❷ 나누는 수와 몫의 곱에 나머지를 더하여 어떤 수(나누어지는 수)를 구합니다.
2×6=12, 12+1=13
답 13

① 어떤 수를 3으로 나누었더니 몫이 10, 나머지는 2가 되었습니다.
어떤 수는 얼마인가요?
풀이
어떤 수
■÷3=10…2
➡ 3×[10]=[30], [30]+2=[32]
답 32

② 어떤 수를 4로 나누었더니 몫이 15, 나머지는 3이 되었습니다.
어떤 수는 얼마인가요?
풀이
어떤 수
■÷4=15…3
➡ 4×[15]=[60], [60]+3=[63]
답 63

원쪽 ❶, ❷번과 같이 문제의 핵심 부분에 색칠하고,
계산해야 하는 수들에 밑줄을 그어 문제를 풀어 보세요.
정답 8쪽

③ 어떤 수를 5로 나누었더니 몫이 11, 나머지는 2가 되었습니다.
어떤 수는 얼마인가요?
풀이
어떤 수를 □라 하면
□÷5=11…2입니다.
➡ 5×11=55, 55+2=57이므로
□=57입니다.
답 57

④ 어떤 수를 9로 나누었더니 몫이 15, 나머지는 5가 되었습니다.
어떤 수는 얼마인가요?
풀이
어떤 수를 □라 하면
□÷9=15…5입니다.
➡ 9×15=135, 135+5=140이므로
□=140입니다.
답 140

⑤ 어떤 수를 7로 나누었더니 몫이 60, 나머지는 6이 되었습니다.
어떤 수는 얼마인가요?
풀이
어떤 수를 □라 하면
□÷7=60…6입니다.
➡ 7×60=420, 420+6=426이므로
□=426입니다.
답 426

2. 나눗셈

36 / 37

38-39쪽

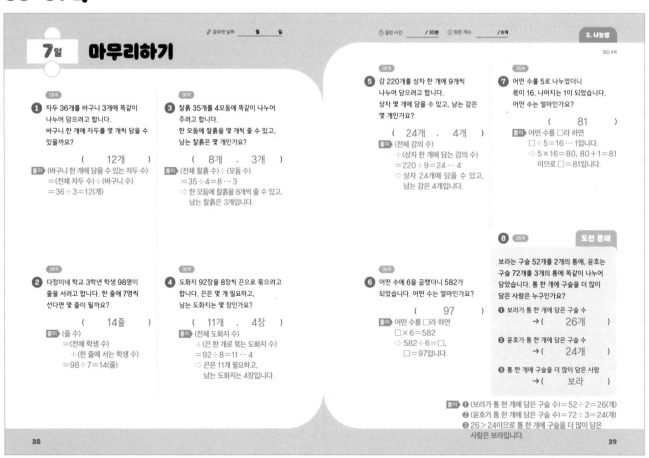

7일 마무리하기

공부한 날짜 월 일
걸린 시간 /30분 맞은 개수 /8개
2. 나눗셈
정답 8쪽

26쪽
① 자두 36개를 바구니 3개에 똑같이
나누어 담으려고 합니다.
바구니 한 개에 자두를 몇 개씩 담을 수
있을까요?
(12개)
풀이 (바구니 한 개에 담을 수 있는 자두 수)
=(전체 자두 수)÷(바구니 수)
=36÷3=12(개)

28쪽
② 다정이네 학교 3학년 학생 98명이
줄을 서려고 합니다. 한 줄에 7명씩
선다면 몇 줄이 될까요?
(14줄)
풀이 (줄 수)
=(전체 학생 수)
÷(한 줄에 서는 학생 수)
=98÷7=14(줄)

30쪽
③ 찰흙 35개를 4모둠에 똑같이 나누어
주려고 합니다.
한 모둠에 찰흙을 몇 개씩 줄 수 있고,
남는 찰흙은 몇 개인가요?
(8개 , 3개)
풀이 (전체 찰흙 수)÷(모둠 수)
=35÷4=8…3
➡ 한 모둠에 찰흙을 8개씩 줄 수 있고,
남는 찰흙은 3개입니다.

32쪽
④ 도화지 92장을 8장씩 끈으로 묶으려고
합니다. 끈은 몇 개 필요하고,
남는 도화지는 몇 장인가요?
(11개 , 4장)
풀이 (전체 도화지 수)
÷(끈 한 개로 묶는 도화지 수)
=92÷8=11…4
➡ 끈은 11개 필요하고,
남는 도화지는 4장입니다.

32쪽
⑤ 감 220개를 상자 한 개에 9개씩
나누어 담으려고 합니다.
상자 몇 개에 담을 수 있고, 남는 감은
몇 개인가요?
(24개 , 4개)
풀이 (전체 감의 수)
÷(상자 한 개에 담는 감의 수)
=220÷9=24…4
➡ 상자 24개에 담을 수 있고,
남는 감은 4개입니다.

34쪽
⑥ 어떤 수에 6을 곱했더니 582가
되었습니다. 어떤 수는 얼마인가요?
(97)
풀이 어떤 수를 □라 하면
□×6=582
➡ 582÷6=97
□=97입니다.

36쪽
⑦ 어떤 수를 5로 나누었더니
몫이 16, 나머지는 1이 되었습니다.
어떤 수는 얼마인가요?
(81)
풀이 어떤 수를 □라 하면
□÷5=16…1입니다.
➡ 5×16=80, 80+1=81
이므로 □=81입니다.

⑧ **26쪽** **도전 문제**
보라는 구슬 52개를 2개의 통에, 윤호는
구슬 72개를 3개의 통에 똑같이 나누어
담았습니다. 통 한 개에 구슬을 더 많이
담은 사람은 누구인가요?
❶ 보라가 통 한 개에 담은 구슬 수
→(26개)
❷ 윤호가 통 한 개에 담은 구슬 수
→(24개)
❸ 통 한 개에 구슬을 더 많이 담은 사람
→(보라)
풀이 ❶ (보라가 통 한 개에 담은 구슬 수)=52÷2=26(개)
❷ (윤호가 통 한 개에 담은 구슬 수)=72÷3=24(개)
❸ 26>24이므로 통 한 개에 구슬을 더 많이 담은
사람은 보라입니다.

38 / 39

3 원

42-43쪽

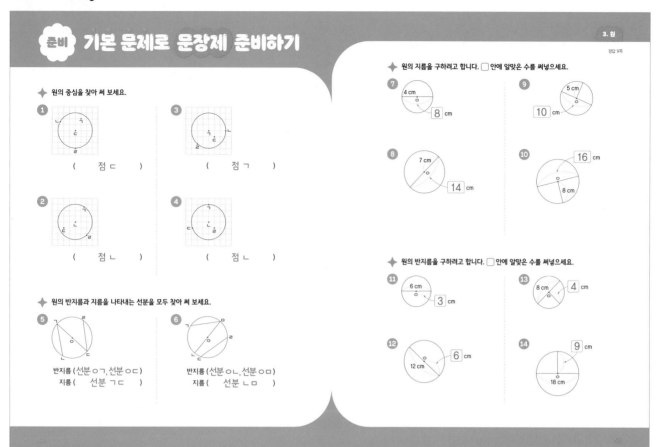

준비 **기본 문제로 문장제 준비하기**

◆ 원의 중심을 찾아 써 보세요.

1 (점 ㄷ)

3 (점 ㄱ)

2 (점 ㄴ)

4 (점 ㄴ)

◆ 원의 반지름과 지름을 나타내는 선분을 모두 찾아 써 보세요.

5 반지름 (선분 ㅇㄱ, 선분 ㅇㄷ)
지름 (선분 ㄱㄷ)

6 반지름 (선분 ㅇㄴ, 선분 ㅇㅁ)
지름 (선분 ㄴㅁ)

◆ 원의 지름을 구하려고 합니다. ☐ 안에 알맞은 수를 써넣으세요.

7 4 cm → 8 cm

9 5 cm → 10 cm

8 7 cm → 14 cm

10 16 cm, 8 cm

◆ 원의 반지름을 구하려고 합니다. ☐ 안에 알맞은 수를 써넣으세요.

11 6 cm → 3 cm

13 8 cm → 4 cm

12 12 cm → 6 cm

14 9 cm, 18 cm

44-45쪽

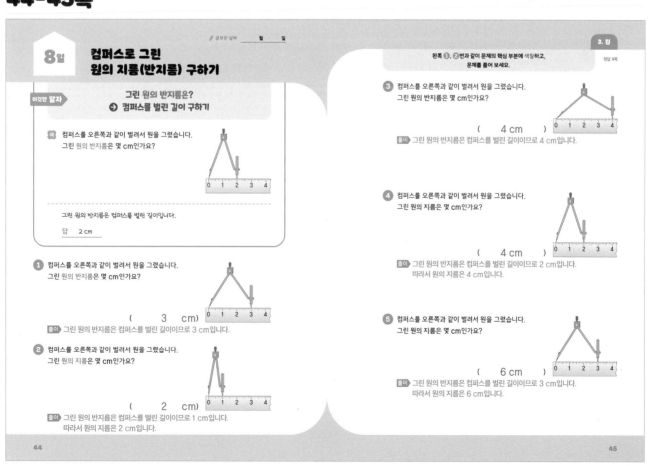

8일 컴퍼스로 그린
원의 지름(반지름) 구하기

이것만 알자
그린 원의 반지름은?
→ 컴퍼스를 벌린 길이 구하기

예 컴퍼스를 오른쪽과 같이 벌려서 원을 그렸습니다.
그린 원의 반지름은 몇 cm인가요?

그린 원의 반지름은 컴퍼스를 벌린 길이입니다.
답 2 cm

1 컴퍼스를 오른쪽과 같이 벌려서 원을 그렸습니다.
그린 원의 반지름은 몇 cm인가요?
(3 cm)
풀이 그린 원의 반지름은 컴퍼스를 벌린 길이이므로 3 cm입니다.

2 컴퍼스를 오른쪽과 같이 벌려서 원을 그렸습니다.
그린 원의 지름은 몇 cm인가요?
(2 cm)
풀이 그린 원의 반지름은 컴퍼스를 벌린 길이이므로 1 cm입니다.
따라서 원의 지름은 2 cm입니다.

왼쪽 ①, ②번과 같이 문제의 핵심 부분에 색칠하고,
문제를 풀어 보세요.

3 컴퍼스를 오른쪽과 같이 벌려서 원을 그렸습니다.
그린 원의 반지름은 몇 cm인가요?
(4 cm)
풀이 그린 원의 반지름은 컴퍼스를 벌린 길이이므로 4 cm입니다.

4 컴퍼스를 오른쪽과 같이 벌려서 원을 그렸습니다.
그린 원의 지름은 몇 cm인가요?
(4 cm)
풀이 그린 원의 반지름은 컴퍼스를 벌린 길이이므로 2 cm입니다.
따라서 원의 지름은 4 cm입니다.

5 컴퍼스를 오른쪽과 같이 벌려서 원을 그렸습니다.
그린 원의 지름은 몇 cm인가요?
(6 cm)
풀이 그린 원의 반지름은 컴퍼스를 벌린 길이이므로 3 cm입니다.
따라서 원의 지름은 6 cm입니다.

3 원

46-47쪽

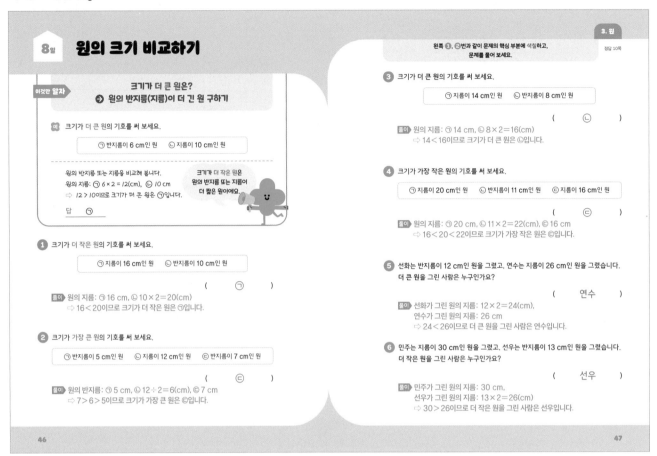

8일 원의 크기 비교하기

이것만 알자

크기가 더 큰 원은?
➡ 원의 반지름(지름)이 더 긴 원 구하기

예 크기가 더 큰 원의 기호를 써 보세요.

> ⊙ 반지름이 6 cm인 원   ⓒ 지름이 10 cm인 원

원의 반지름 또는 지름을 비교해 봅니다.
원의 지름: ⊙ 6 × 2 = 12(cm), ⓒ 10 cm
➡ 12 > 10이므로 크기가 더 큰 원은 ⊙입니다.

크기가 더 작은 원은 원의 반지름 또는 지름이 더 짧은 원이에요.

답 ⊙

1 크기가 더 작은 원의 기호를 써 보세요.

> ⊙ 지름이 16 cm인 원   ⓒ 반지름이 10 cm인 원

(⊙)

풀이 원의 지름: ⊙ 16 cm, ⓒ 10 × 2 = 20(cm)
➡ 16 < 20이므로 크기가 더 작은 원은 ⊙입니다.

2 크기가 가장 큰 원의 기호를 써 보세요.

> ⊙ 반지름이 5 cm인 원   ⓒ 지름이 12 cm인 원   ⓒ 반지름이 7 cm인 원

(ⓒ)

풀이 원의 반지름: ⊙ 5 cm, ⓒ 12 ÷ 2 = 6(cm), ⓒ 7 cm
➡ 7 > 6 > 5이므로 크기가 가장 큰 원은 ⓒ입니다.

왼쪽 ❶, ❷번과 같이 문제의 핵심 부분에 색칠하고, 문제를 풀어 보세요.

정답 10쪽

3 크기가 더 큰 원의 기호를 써 보세요.

> ⊙ 지름이 14 cm인 원   ⓒ 반지름이 8 cm인 원

(ⓒ)

풀이 원의 지름: ⊙ 14 cm, ⓒ 8 × 2 = 16(cm)
➡ 14 < 16이므로 크기가 더 큰 원은 ⓒ입니다.

4 크기가 가장 작은 원의 기호를 써 보세요.

> ⊙ 지름이 20 cm인 원   ⓒ 반지름이 11 cm인 원   ⓒ 지름이 16 cm인 원

(ⓒ)

풀이 원의 지름: ⊙ 20 cm, ⓒ 11 × 2 = 22(cm), ⓒ 16 cm
➡ 16 < 20 < 22이므로 크기가 가장 작은 원은 ⓒ입니다.

5 선화는 반지름이 12 cm인 원을 그렸고, 연수는 지름이 26 cm인 원을 그렸습니다. 더 큰 원을 그린 사람은 누구인가요?

(연수)

풀이 선화가 그린 원의 지름: 12 × 2 = 24(cm),
연수가 그린 원의 지름: 26 cm
➡ 24 < 26이므로 더 큰 원을 그린 사람은 연수입니다.

6 민주는 지름이 30 cm인 원을 그렸고, 선우는 반지름이 13 cm인 원을 그렸습니다. 더 작은 원을 그린 사람은 누구인가요?

(선우)

풀이 민주가 그린 원의 지름: 30 cm,
선우가 그린 원의 지름: 13 × 2 = 26(cm)
➡ 30 > 26이므로 더 작은 원을 그린 사람은 선우입니다.

46

47

48-49쪽

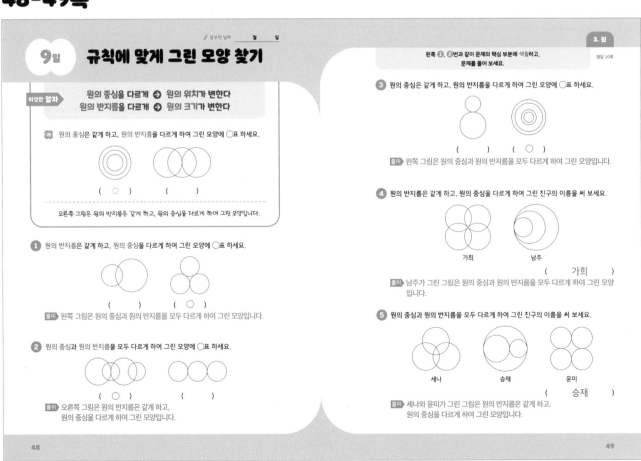

🖊 공부한 날짜   월   일

9일 규칙에 맞게 그린 모양 찾기

이것만 알자

원의 중심을 다르게 ➡ 원의 위치가 변한다
원의 반지름을 다르게 ➡ 원의 크기가 변한다

예 원의 중심은 같게 하고, 원의 반지름을 다르게 하여 그린 모양에 ◯표 하세요.

(◯)   (   )

오른쪽 그림은 원의 반지름은 같게 하고, 원의 중심을 다르게 하여 그린 모양입니다.

1 원의 반지름은 같게 하고, 원의 중심을 다르게 하여 그린 모양에 ◯표 하세요.

(   )   (◯)

풀이 왼쪽 그림은 원의 중심과 원의 반지름을 모두 다르게 하여 그린 모양입니다.

2 원의 중심과 원의 반지름을 모두 다르게 하여 그린 모양에 ◯표 하세요.

(◯)   (   )

풀이 오른쪽 그림은 원의 반지름은 같게 하고, 원의 중심을 다르게 하여 그린 모양입니다.

왼쪽 ❶, ❷번과 같이 문제의 핵심 부분에 색칠하고, 문제를 풀어 보세요.

정답 10쪽

3 원의 중심은 같게 하고, 원의 반지름을 다르게 하여 그린 모양에 ◯표 하세요.

(   )   (◯)

풀이 왼쪽 그림은 원의 중심과 원의 반지름을 모두 다르게 하여 그린 모양입니다.

4 원의 반지름은 같게 하고, 원의 중심을 다르게 하여 그린 친구의 이름을 써 보세요.

가희   남주

(가희)

풀이 남주가 그린 그림은 원의 중심과 원의 반지름을 모두 다르게 하여 그린 모양입니다.

5 원의 중심과 원의 반지름을 모두 다르게 하여 그린 친구의 이름을 써 보세요.

세나   승재   윤미

(승재)

풀이 세나와 윤미가 그린 그림은 원의 반지름은 같게 하고, 원의 중심을 다르게 하여 그린 모양입니다.

48

49

50-51쪽

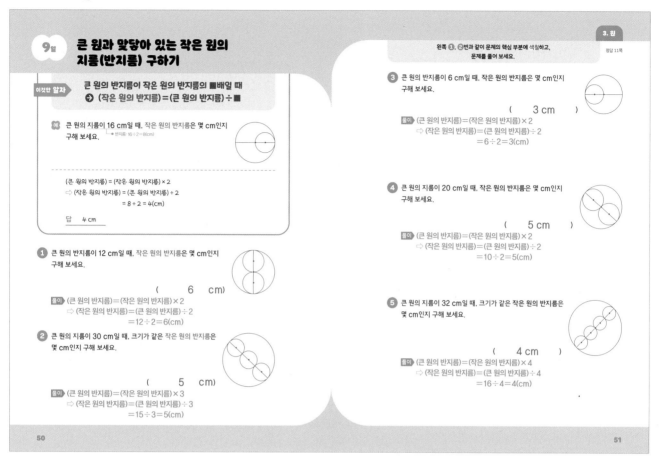

9일 큰 원과 맞닿아 있는 작은 원의 지름(반지름) 구하기

이것만 알자 큰 원의 반지름이 작은 원의 반지름의 ■배일 때
➡ (작은 원의 반지름) = (큰 원의 반지름) ÷ ■

예 큰 원의 지름이 16 cm일 때, 작은 원의 반지름은 몇 cm인지 구해 보세요. → 반지름 16÷2=(8cm)

(큰 원의 반지름) = (작은 원의 반지름) × 2
➡ (작은 원의 반지름) = (큰 원의 반지름) ÷ 2
= 8 ÷ 2 = 4(cm)

답 __4 cm__

1 큰 원의 반지름이 12 cm일 때, 작은 원의 반지름은 몇 cm인지 구해 보세요.

(__6__ cm)

풀이 (큰 원의 반지름)=(작은 원의 반지름)×2
➡ (작은 원의 반지름)=(큰 원의 반지름)÷2
=12÷2=6(cm)

2 큰 원의 지름이 30 cm일 때, 크기가 같은 작은 원의 반지름은 몇 cm인지 구해 보세요.

(__5__ cm)

풀이 (큰 원의 반지름)=(작은 원의 반지름)×3
➡ (작은 원의 반지름)=(큰 원의 반지름)÷3
=15÷3=5(cm)

왼쪽 ①, ②번과 같이 문제의 핵심 부분에 색칠하고, 문제를 풀어 보세요.

3 큰 원의 반지름이 6 cm일 때, 작은 원의 반지름은 몇 cm인지 구해 보세요.

(__3 cm__)

풀이 (큰 원의 반지름)=(작은 원의 반지름)×2
➡ (작은 원의 반지름)=(큰 원의 반지름)÷2
=6÷2=3(cm)

4 큰 원의 지름이 20 cm일 때, 작은 원의 반지름은 몇 cm인지 구해 보세요.

(__5 cm__)

풀이 (큰 원의 반지름)=(작은 원의 반지름)×2
➡ (작은 원의 반지름)=(큰 원의 반지름)÷2
=10÷2=5(cm)

5 큰 원의 지름이 32 cm일 때, 크기가 같은 작은 원의 반지름은 몇 cm인지 구해 보세요.

(__4 cm__)

풀이 (큰 원의 반지름)=(작은 원의 반지름)×4
➡ (작은 원의 반지름)=(큰 원의 반지름)÷4
=16÷4=4(cm)

52-53쪽

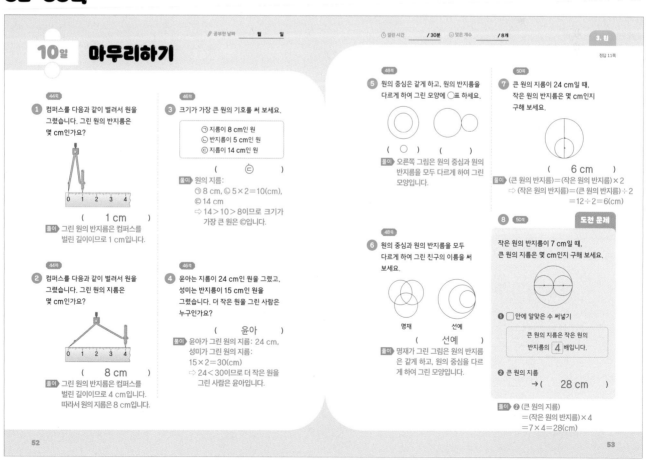

10일 마무리하기

공부한 날짜 월 일   걸린 시간 /30분   맞은 개수 /8개

44쪽
1 컴퍼스를 다음과 같이 벌려서 원을 그렸습니다. 그린 원의 반지름은 몇 cm인가요?

(__1 cm__)

풀이 그린 원의 반지름은 컴퍼스를 벌린 길이이므로 1 cm입니다.

44쪽
2 컴퍼스를 다음과 같이 벌려서 원을 그렸습니다. 그린 원의 지름은 몇 cm인가요?

(__8 cm__)

풀이 그린 원의 반지름은 컴퍼스를 벌린 길이이므로 4 cm입니다.
따라서 원의 지름은 8 cm입니다.

46쪽
3 크기가 가장 큰 원의 기호를 써 보세요.

㉠ 지름이 8 cm인 원
㉡ 반지름이 5 cm인 원
㉢ 지름이 14 cm인 원

(__㉢__)

풀이 원의 지름:
㉠ 8 cm, ㉡ 5×2=10(cm),
㉢ 14 cm
➡ 14>10>8이므로 크기가 가장 큰 원은 ㉢입니다.

46쪽
4 윤아는 지름이 24 cm인 원을 그렸고, 성미는 반지름이 15 cm인 원을 그렸습니다. 더 작은 원을 그린 사람은 누구인가요?

(__윤아__)

풀이 윤아가 그린 원의 지름: 24 cm,
성미가 그린 원의 지름:
15×2=30(cm)
➡ 24<30이므로 더 작은 원을 그린 사람은 윤아입니다.

48쪽
5 원의 중심은 같게 하고, 원의 반지름을 다르게 하여 그린 모양에 ○표 하세요.

(○)   (   )

풀이 오른쪽 그림은 원의 중심과 원의 반지름을 모두 다르게 하여 그린 모양입니다.

48쪽
6 원의 중심과 원의 반지름을 모두 다르게 하여 그린 친구의 이름을 써 보세요.

명재   선예

(__선예__)

풀이 명재가 그린 그림은 원의 반지름은 같게 하고, 원의 중심을 다르게 하여 그린 모양입니다.

50쪽
7 큰 원의 지름이 24 cm일 때, 작은 원의 반지름은 몇 cm인지 구해 보세요.

(__6 cm__)

풀이 (큰 원의 반지름)=(작은 원의 반지름)×2
➡ (작은 원의 반지름)=(큰 원의 반지름)÷2
=12÷2=6(cm)

도전 문제
8 **50쪽** 작은 원의 반지름이 7 cm일 때, 큰 원의 지름은 몇 cm인지 구해 보세요.

❶ 안에 알맞은 수 써넣기

큰 원의 지름은 작은 원의 반지름의 __4__ 배입니다.

❷ 큰 원의 지름
→ (__28 cm__)

풀이 ❷ (큰 원의 지름)
=(작은 원의 반지름)×4
=7×4=28(cm)

4 분수

56-57쪽

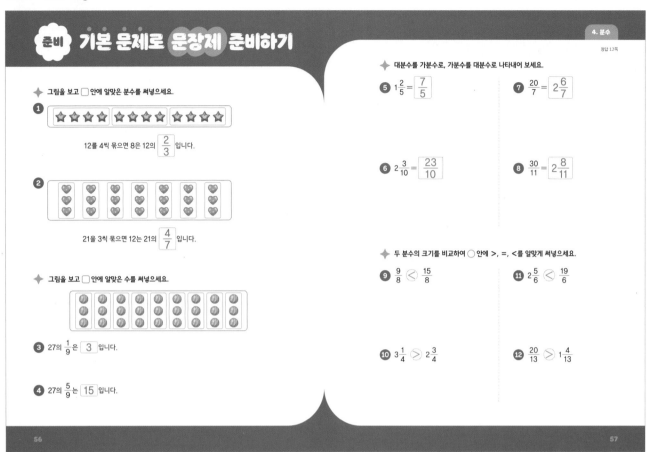

준비 **기본 문제로 문장제 준비하기**

정답 12쪽

◆ 그림을 보고 □ 안에 알맞은 분수를 써넣으세요.

1
12를 4씩 묶으면 8은 12의 $\frac{2}{3}$ 입니다.

2
21을 3씩 묶으면 12는 21의 $\frac{4}{7}$ 입니다.

◆ 그림을 보고 □ 안에 알맞은 수를 써넣으세요.

3 27의 $\frac{1}{9}$ 은 3 입니다.

4 27의 $\frac{5}{9}$ 는 15 입니다.

◆ 대분수를 가분수로, 가분수를 대분수로 나타내어 보세요.

5 $1\frac{2}{5} = \frac{7}{5}$

7 $\frac{20}{7} = 2\frac{6}{7}$

6 $2\frac{3}{10} = \frac{23}{10}$

8 $\frac{30}{11} = 2\frac{8}{11}$

◆ 두 분수의 크기를 비교하여 ○ 안에 >, =, <를 알맞게 써넣으세요.

9 $\frac{9}{8} < \frac{15}{8}$

11 $2\frac{5}{6} < \frac{19}{6}$

10 $3\frac{1}{4} > 2\frac{3}{4}$

12 $\frac{20}{13} > 1\frac{4}{13}$

58-59쪽

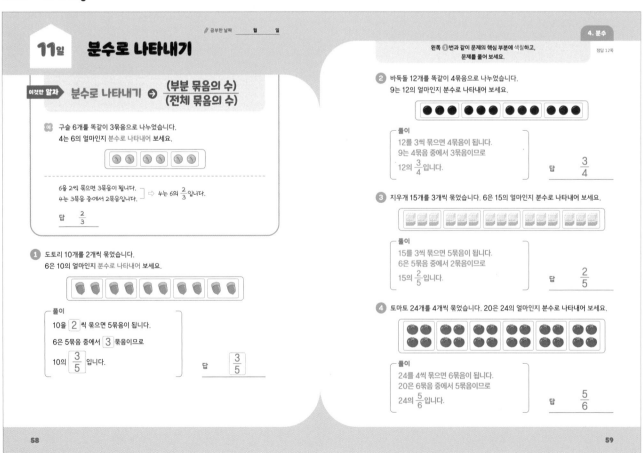

11일 **분수로 나타내기**

✎ 공부한 날짜   월   일

이것만 알자 분수로 나타내기 → $\frac{(부분 묶음의 수)}{(전체 묶음의 수)}$

예 구슬 6개를 똑같이 3묶음으로 나누었습니다.
4는 6의 얼마인지 분수로 나타내어 보세요.

6을 2씩 묶으면 3묶음이 됩니다.
4는 3묶음 중에서 2묶음입니다. ⇨ 4는 6의 $\frac{2}{3}$ 입니다.

답 $\frac{2}{3}$

1 도토리 10개를 2개씩 묶었습니다.
6은 10의 얼마인지 분수로 나타내어 보세요.

풀이
10을 2 씩 묶으면 5묶음이 됩니다.
6은 5묶음 중에서 3 묶음이므로
10의 $\frac{3}{5}$ 입니다.

답 $\frac{3}{5}$

왼쪽 1번과 같이 문제의 핵심 부분에 색칠하고,
문제를 풀어 보세요.

정답 12쪽

2 바둑돌 12개를 똑같이 4묶음으로 나누었습니다.
9는 12의 얼마인지 분수로 나타내어 보세요.

풀이
12를 3씩 묶으면 4묶음이 됩니다.
9는 4묶음 중에서 3묶음이므로
12의 $\frac{3}{4}$ 입니다.

답 $\frac{3}{4}$

3 지우개 15개를 3개씩 묶었습니다. 6은 15의 얼마인지 분수로 나타내어 보세요.

풀이
15를 3씩 묶으면 5묶음이 됩니다.
6은 5묶음 중에서 2묶음이므로
15의 $\frac{2}{5}$ 입니다.

답 $\frac{2}{5}$

4 토마토 24개를 4개씩 묶었습니다. 20은 24의 얼마인지 분수로 나타내어 보세요.

풀이
24를 4씩 묶으면 6묶음이 됩니다.
20은 6묶음 중에서 5묶음이므로
24의 $\frac{5}{6}$ 입니다.

답 $\frac{5}{6}$

60-61쪽

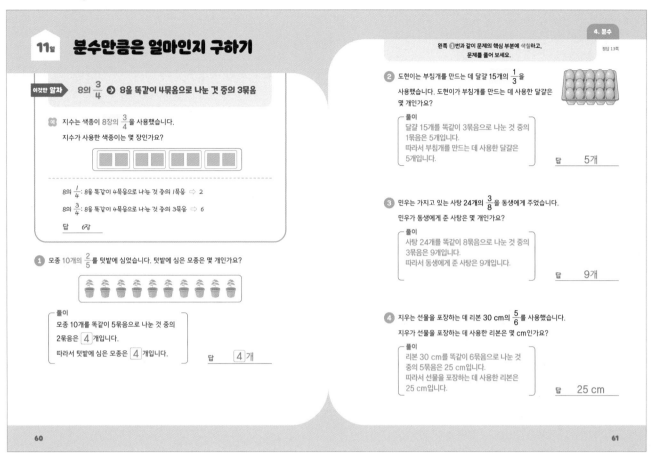

11일 분수만큼은 얼마인지 구하기

이것만 알자 8의 $\frac{3}{4}$ ➡ 8을 똑같이 4묶음으로 나눈 것 중의 3묶음

예 지수는 색종이 8장의 $\frac{3}{4}$을 사용했습니다.

지수가 사용한 색종이는 몇 장인가요?

8의 $\frac{1}{4}$: 8을 똑같이 4묶음으로 나눈 것 중의 1묶음 ➡ 2

8의 $\frac{3}{4}$: 8을 똑같이 4묶음으로 나눈 것 중의 3묶음 ➡ 6

답 6장

1 모종 10개의 $\frac{2}{5}$를 텃밭에 심었습니다. 텃밭에 심은 모종은 몇 개인가요?

풀이
모종 10개를 똑같이 5묶음으로 나눈 것 중의
2묶음은 **4** 개입니다.
따라서 텃밭에 심은 모종은 **4** 개입니다.

답 **4** 개

정답 13쪽

왼쪽 **1**번과 같이 문제의 핵심 부분에 색칠하고,
문제를 풀어 보세요.

2 도현이는 부침개를 만드는 데 달걀 15개의 $\frac{1}{3}$을

사용했습니다. 도현이가 부침개를 만드는 데 사용한 달걀은
몇 개인가요?

풀이
달걀 15개를 똑같이 3묶음으로 나눈 것 중의
1묶음은 5개입니다.
따라서 부침개를 만드는 데 사용한 달걀은
5개입니다.

답 5개

3 민우는 가지고 있는 사탕 24개의 $\frac{3}{8}$을 동생에게 주었습니다.

민우가 동생에게 준 사탕은 몇 개인가요?

풀이
사탕 24개를 똑같이 8묶음으로 나눈 것 중의
3묶음은 9개입니다.
따라서 동생에게 준 사탕은 9개입니다.

답 9개

4 지우는 선물을 포장하는 데 리본 30 cm의 $\frac{5}{6}$를 사용했습니다.

지우가 선물을 포장하는 데 사용한 리본은 몇 cm인가요?

풀이
리본 30 cm를 똑같이 6묶음으로 나눈 것
중의 5묶음은 25 cm입니다.
따라서 선물을 포장하는 데 사용한 리본은
25 cm입니다.

답 25 cm

62-63쪽

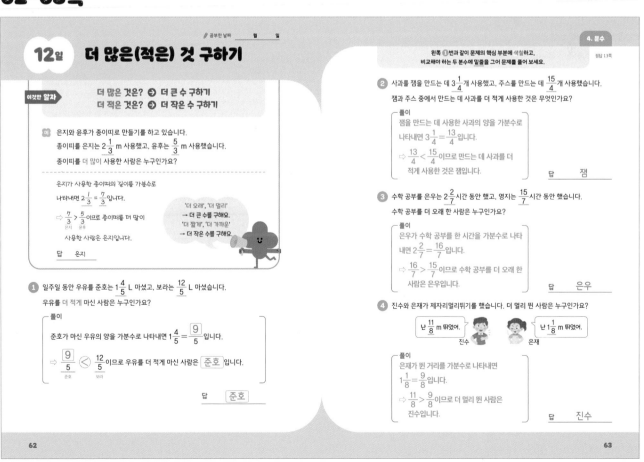

✎ 공부한 날짜   월   일

12일 더 많은(적은) 것 구하기

이것만 알자 더 많은 것은? ➡ 더 큰 수 구하기
더 적은 것은? ➡ 더 작은 수 구하기

예 은지와 윤후가 종이띠로 만들기를 하고 있습니다.
종이띠를 은지는 $2\frac{1}{3}$ m 사용했고, 윤후는 $\frac{5}{3}$ m 사용했습니다.
종이띠를 더 많이 사용한 사람은 누구인가요?

은지가 사용한 종이띠의 길이를 가분수로
나타내면 $2\frac{1}{3} = \frac{7}{3}$입니다.

➡ $\underset{은지}{\frac{7}{3}} > \underset{윤후}{\frac{5}{3}}$ 이므로 종이띠를 더 많이

사용한 사람은 은지입니다.

답 은지

'더 오래', '더 멀리'
→ 더 큰 수를 구해요.
'더 짧게', '더 가까운'
→ 더 작은 수를 구해요.

1 일주일 동안 우유를 준호는 $1\frac{4}{5}$ L 마셨고, 보라는 $\frac{12}{5}$ L 마셨습니다.

우유를 더 적게 마신 사람은 누구인가요?

풀이
준호가 마신 우유의 양을 가분수로 나타내면 $1\frac{4}{5} = \boxed{\frac{9}{5}}$입니다.

➡ $\underset{준호}{\boxed{\frac{9}{5}}} < \underset{보라}{\frac{12}{5}}$ 이므로 우유를 더 적게 마신 사람은 **준호** 입니다.

답 **준호**

정답 13쪽

왼쪽 **1**번과 같이 문제의 핵심 부분에 색칠하고,
비교해야 하는 두 분수에 밑줄을 그어 문제를 풀어 보세요.

2 사과를 잼을 만드는 데 $3\frac{1}{4}$개 사용했고, 주스를 만드는 데 $\frac{15}{4}$개 사용했습니다.

잼과 주스 중에서 만드는 데 사과를 더 적게 사용한 것은 무엇인가요?

풀이
잼을 만드는 데 사용한 사과의 양을 가분수로
나타내면 $3\frac{1}{4} = \frac{13}{4}$입니다.

➡ $\frac{13}{4} < \frac{15}{4}$ 이므로 만드는 데 사과를 더
적게 사용한 것은 잼입니다.

답 잼

3 수학 공부를 은우는 $2\frac{2}{7}$시간 동안 했고, 영지는 $\frac{15}{7}$시간 동안 했습니다.

수학 공부를 더 오래 한 사람은 누구인가요?

풀이
은우가 수학 공부를 한 시간을 가분수로 나타
내면 $2\frac{2}{7} = \frac{16}{7}$입니다.

➡ $\frac{16}{7} > \frac{15}{7}$ 이므로 수학 공부를 더 오래 한
사람은 은우입니다.

답 은우

4 진수와 은재가 제자리멀리뛰기를 했습니다. 더 멀리 뛴 사람은 누구인가요?

난 $\frac{11}{8}$ m 뛰었어. 진수

난 $1\frac{1}{8}$ m 뛰었어. 은재

풀이
은재가 뛴 거리를 가분수로 나타내면
$1\frac{1}{8} = \frac{9}{8}$입니다.

➡ $\frac{11}{8} > \frac{9}{8}$ 이므로 더 멀리 뛴 사람은
진수입니다.

답 진수

4 분수

64-65쪽

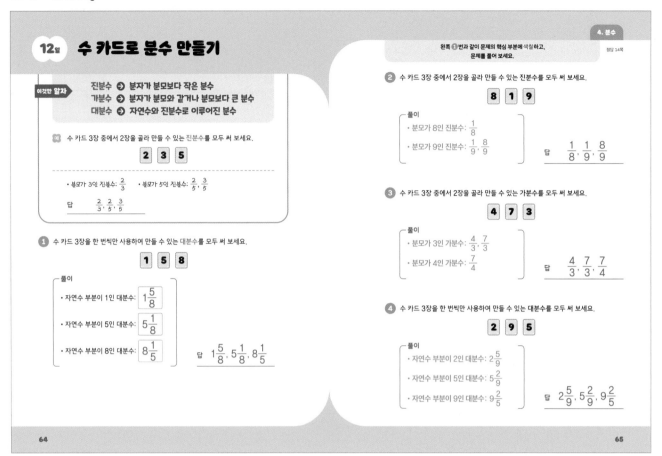

12일 수 카드로 분수 만들기

이것만 알자
진분수 ➡ 분자가 분모보다 작은 분수
가분수 ➡ 분자가 분모와 같거나 분모보다 큰 분수
대분수 ➡ 자연수와 진분수로 이루어진 분수

예) 수 카드 3장 중에서 2장을 골라 만들 수 있는 진분수를 모두 써 보세요.

$\boxed{2}$ $\boxed{3}$ $\boxed{5}$

· 분모가 3인 진분수: $\frac{2}{3}$ · 분모가 5인 진분수: $\frac{2}{5}, \frac{3}{5}$

답 $\frac{2}{3}, \frac{2}{5}, \frac{3}{5}$

1 수 카드 3장을 한 번씩만 사용하여 만들 수 있는 대분수를 모두 써 보세요.

$\boxed{1}$ $\boxed{5}$ $\boxed{8}$

풀이
· 자연수 부분이 1인 대분수: $1\frac{5}{8}$
· 자연수 부분이 5인 대분수: $5\frac{1}{8}$
· 자연수 부분이 8인 대분수: $8\frac{1}{5}$

답 $1\frac{5}{8}, 5\frac{1}{8}, 8\frac{1}{5}$

왼쪽 **1**번과 같이 문제의 핵심 부분에 색칠하고, 문제를 풀어 보세요.

정답 14쪽

2 수 카드 3장 중에서 2장을 골라 만들 수 있는 진분수를 모두 써 보세요.

$\boxed{8}$ $\boxed{1}$ $\boxed{9}$

풀이
· 분모가 8인 진분수: $\frac{1}{8}$
· 분모가 9인 진분수: $\frac{1}{9}, \frac{8}{9}$

답 $\frac{1}{8}, \frac{1}{9}, \frac{8}{9}$

3 수 카드 3장 중에서 2장을 골라 만들 수 있는 가분수를 모두 써 보세요.

$\boxed{4}$ $\boxed{7}$ $\boxed{3}$

풀이
· 분모가 3인 가분수: $\frac{4}{3}, \frac{7}{3}$
· 분모가 4인 가분수: $\frac{7}{4}$

답 $\frac{4}{3}, \frac{7}{3}, \frac{7}{4}$

4 수 카드 3장을 한 번씩만 사용하여 만들 수 있는 대분수를 모두 써 보세요.

$\boxed{2}$ $\boxed{9}$ $\boxed{5}$

풀이
· 자연수 부분이 2인 대분수: $2\frac{5}{9}$
· 자연수 부분이 5인 대분수: $5\frac{2}{9}$
· 자연수 부분이 9인 대분수: $9\frac{2}{5}$

답 $2\frac{5}{9}, 5\frac{2}{9}, 9\frac{2}{5}$

66-67쪽

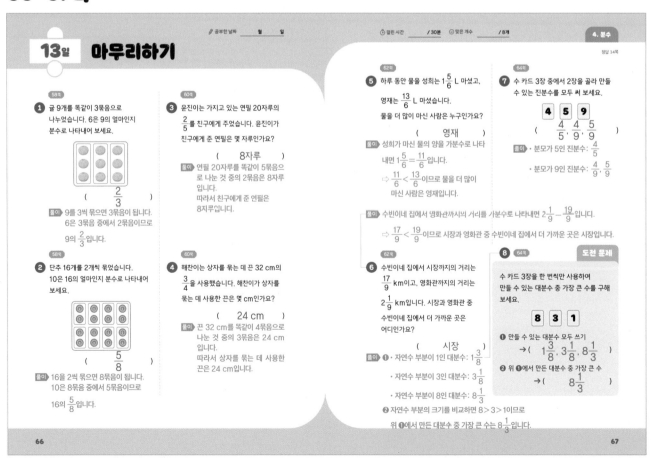

13일 마무리하기

공부한 날짜   월   일

걸린 시간 / 30분   맞은 개수 / 8개

정답 14쪽

58쪽
1 귤 9개를 똑같이 3묶음으로 나누었습니다. 6은 9의 얼마인지 분수로 나타내어 보세요.

($\frac{2}{3}$)

풀이 9를 3씩 묶으면 3묶음이 됩니다.
6은 3묶음 중에서 2묶음이므로 9의 $\frac{2}{3}$입니다.

58쪽
2 단추 16개를 2개씩 묶었습니다. 10은 16의 얼마인지 분수로 나타내어 보세요.

($\frac{5}{8}$)

풀이 16을 2씩 묶으면 8묶음이 됩니다.
10은 8묶음 중에서 5묶음이므로 16의 $\frac{5}{8}$입니다.

60쪽
3 윤진이는 가지고 있는 연필 20자루의 $\frac{2}{5}$를 친구에게 주었습니다. 윤진이가 친구에게 준 연필은 몇 자루인가요?

(8자루)

풀이 연필 20자루를 똑같이 5묶음으로 나눈 것 중의 2묶음은 8자루입니다.
따라서 친구에게 준 연필은 8자루입니다.

60쪽
4 해찬이는 상자를 묶는 데 끈 32 cm의 $\frac{3}{4}$을 사용했습니다. 해찬이가 상자를 묶는 데 사용한 끈은 몇 cm인가요?

(24 cm)

풀이 끈 32 cm를 똑같이 4묶음으로 나눈 것 중의 3묶음은 24 cm입니다.
따라서 상자를 묶는 데 사용한 끈은 24 cm입니다.

62쪽
5 하루 동안 물을 성희는 $1\frac{5}{6}$ L 마셨고, 영재는 $\frac{13}{6}$ L 마셨습니다. 물을 더 많이 마신 사람은 누구인가요?

(영재)

풀이 성희가 마신 물의 양을 가분수로 나타내면 $1\frac{5}{6} = \frac{11}{6}$입니다.
➡ $\frac{11}{6} < \frac{13}{6}$이므로 물을 더 많이 마신 사람은 영재입니다.

62쪽
6 수빈이네 집에서 시장까지의 거리는 $\frac{17}{9}$ km이고, 영화관까지의 거리는 $2\frac{1}{9}$ km입니다. 시장과 영화관 중 수빈이네 집에서 더 가까운 곳은 어디인가요?

(시장)

풀이 ❶ 수빈이네 집에서 명화관까지의 거리를 가분수로 나타내면 $2\frac{1}{9} = \frac{19}{9}$입니다.
➡ $\frac{17}{9} < \frac{19}{9}$이므로 시장과 영화관 중 수빈이네 집에서 더 가까운 곳은 시장입니다.

64쪽
7 수 카드 3장 중에서 2장을 골라 만들 수 있는 진분수를 모두 써 보세요.

$\boxed{4}$ $\boxed{5}$ $\boxed{9}$

($\frac{4}{5}, \frac{4}{9}, \frac{5}{9}$)

풀이 · 분모가 5인 진분수: $\frac{4}{5}$
· 분모가 9인 진분수: $\frac{4}{9}, \frac{5}{9}$

64쪽
8 **도전 문제**

수 카드 3장을 한 번씩만 사용하여 만들 수 있는 대분수 중 가장 큰 수를 구해 보세요.

$\boxed{8}$ $\boxed{3}$ $\boxed{1}$

❶ 만들 수 있는 대분수 모두 쓰기
➡ ($1\frac{3}{8}, 3\frac{1}{8}, 8\frac{1}{3}$)
❷ 위 ❶에서 만든 대분수 중 가장 큰 수
➡ ($8\frac{1}{3}$)

풀이 ❶ · 자연수 부분이 1인 대분수: $1\frac{3}{8}$
· 자연수 부분이 3인 대분수: $3\frac{1}{8}$
· 자연수 부분이 8인 대분수: $8\frac{1}{3}$
❷ 자연수 부분의 크기를 비교하면 8 > 3 > 1이므로 위 ❶에서 만든 대분수 중 가장 큰 수는 $8\frac{1}{3}$입니다.

5 들이와 무게

70-71쪽

준비 계산으로 문장제 준비하기

◆ 계산해 보세요.

① 2 L 500 mL + 1 L 200 mL = 3 L 700 mL

⑤ 3 L 800 mL − 2 L 600 mL = 1 L 200 mL

② 3 L 600 mL + 2 L 300 mL = 5 L 900 mL

⑥ 4 L 700 mL − 1 L 400 mL = 3 L 300 mL

③ 1 L 800 mL + 2 L 700 mL = 4 L 500 mL

⑦ 5 L 200 mL − 2 L 900 mL = 2 L 300 mL

④ 5 L 700 mL + 1 L 550 mL = 7 L 250 mL

⑧ 8 L 200 mL − 3 L 850 mL = 4 L 350 mL

⑨ 1 kg 100 g + 3 kg 400 g = 4 kg 500 g

⑬ 2 kg 500 g − 1 kg 200 g = 1 kg 300 g

⑩ 2 kg 350 g + 2 kg 600 g = 4 kg 950 g

⑭ 3 kg 750 g − 2 kg 150 g = 1 kg 600 g

⑪ 3 kg 900 g + 2 kg 300 g = 6 kg 200 g

⑮ 4 kg 600 g − 1 kg 850 g = 2 kg 750 g

⑫ 2 kg 650 g + 6 kg 500 g = 9 kg 150 g

⑯ 7 kg 250 g − 4 kg 900 g = 2 kg 350 g

72-73쪽

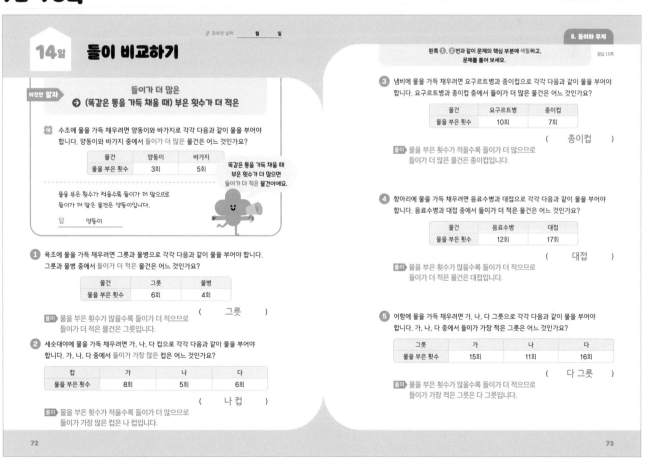

공부한 날짜 월 일

14일 들이 비교하기

이것만 알자 들이가 더 많은
➡ (똑같은 통을 가득 채울 때) 부은 횟수가 더 적은

예 수조에 물을 가득 채우려면 양동이와 바가지로 각각 다음과 같이 물을 부어야 합니다. 양동이와 바가지 중에서 들이가 더 많은 물건은 어느 것인가요?

물건	양동이	바가지
물을 부은 횟수	3회	5회

똑같은 통을 가득 채울 때 부은 횟수가 더 많으면 들이가 더 적은 물건이에요.

물을 부은 횟수가 적을수록 들이가 더 많으므로 들이가 더 많은 물건은 양동이입니다.

답 양동이

① 욕조에 물을 가득 채우려면 그릇과 물병으로 각각 다음과 같이 물을 부어야 합니다. 그릇과 물병 중에서 들이가 더 적은 물건은 어느 것인가요?

물건	그릇	물병
물을 부은 횟수	6회	4회

(그릇)

풀이 물을 부은 횟수가 많을수록 들이가 더 적으므로 들이가 더 적은 물건은 그릇입니다.

② 세숫대야에 물을 가득 채우려면 가, 나, 다 컵으로 각각 다음과 같이 물을 부어야 합니다. 가, 나, 다 중에서 들이가 가장 많은 컵은 어느 것인가요?

컵	가	나	다
물을 부은 횟수	8회	5회	6회

(나 컵)

풀이 물을 부은 횟수가 적을수록 들이가 더 많으므로 들이가 가장 많은 컵은 나 컵입니다.

왼쪽 ①, ②번과 같이 문제의 핵심 부분에 색칠하고, 문제를 풀어 보세요.

③ 냄비에 물을 가득 채우려면 요구르트병과 종이컵으로 각각 다음과 같이 물을 부어야 합니다. 요구르트병과 종이컵 중에서 들이가 더 많은 물건은 어느 것인가요?

물건	요구르트병	종이컵
물을 부은 횟수	10회	7회

(종이컵)

풀이 물을 부은 횟수가 적을수록 들이가 더 많으므로 들이가 더 많은 물건은 종이컵입니다.

④ 항아리에 물을 가득 채우려면 음료수병과 대접으로 각각 다음과 같이 물을 부어야 합니다. 음료수병과 대접 중에서 들이가 더 적은 물건은 어느 것인가요?

물건	음료수병	대접
물을 부은 횟수	12회	17회

(대접)

풀이 물을 부은 횟수가 많을수록 들이가 더 적으므로 들이가 더 적은 물건은 대접입니다.

⑤ 어항에 물을 가득 채우려면 가, 나, 다 그릇으로 각각 다음과 같이 물을 부어야 합니다. 가, 나, 다 중에서 들이가 가장 적은 그릇은 어느 것인가요?

그릇	가	나	다
물을 부은 횟수	15회	11회	16회

(다 그릇)

풀이 물을 부은 횟수가 많을수록 들이가 더 적으므로 들이가 가장 적은 그릇은 다 그릇입니다.

5 들이와 무게

74-75쪽

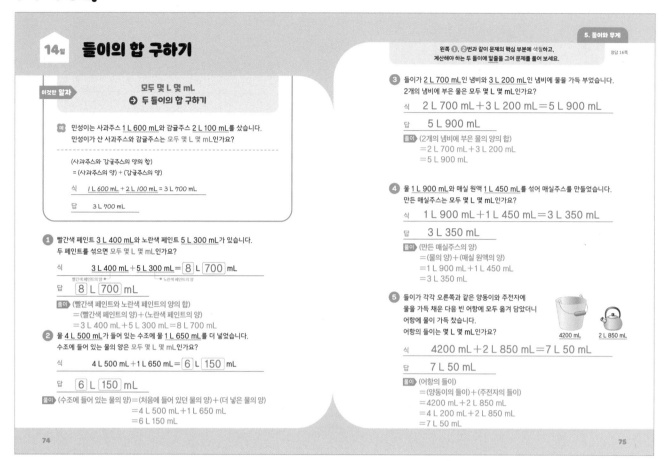

14일 들이의 합 구하기

이것만 알자

모두 몇 L 몇 mL
➡ 두 들이의 합 구하기

예 민성이는 사과주스 1 L 600 mL와 감귤주스 2 L 100 mL를 샀습니다.
민성이가 산 사과주스와 감귤주스는 모두 몇 L 몇 mL인가요?

(사과주스와 감귤주스의 양의 합)
= (사과주스의 양) + (감귤주스의 양)

식   1 L 600 mL + 2 L 100 mL = 3 L 700 mL

답   3 L 700 mL

① 빨간색 페인트 3 L 400 mL와 노란색 페인트 5 L 300 mL가 있습니다.
두 페인트를 섞으면 모두 몇 L 몇 mL인가요?

식   3 L 400 mL + 5 L 300 mL = 8 L 700 mL
      빨간색 페인트의 양   노란색 페인트의 양

답   8 L 700 mL

풀이 (빨간색 페인트와 노란색 페인트의 양의 합)
= (빨간색 페인트의 양) + (노란색 페인트의 양)
= 3 L 400 mL + 5 L 300 mL = 8 L 700 mL

② 물 4 L 500 mL가 들어 있는 수조에 물 1 L 650 mL를 더 넣었습니다.
수조에 들어 있는 물의 양은 모두 몇 L 몇 mL인가요?

식   4 L 500 mL + 1 L 650 mL = 6 L 150 mL

답   6 L 150 mL

풀이 (수조에 들어 있는 물의 양)=(처음에 있던 물의 양)+(더 넣은 물의 양)
= 4 L 500 mL + 1 L 650 mL
= 6 L 150 mL

왼쪽 ①, ②번과 같이 문제의 핵심 부분에 색칠하고,
계산해야 하는 두 들이에 밑줄을 그어 문제를 풀어 보세요.   정답 16쪽

③ 들이가 2 L 700 mL인 냄비와 3 L 200 mL인 냄비에 물을 가득 부었습니다.
2개의 냄비에 부은 물은 모두 몇 L 몇 mL인가요?

식   2 L 700 mL + 3 L 200 mL = 5 L 900 mL

답   5 L 900 mL

풀이 (2개의 냄비에 부은 물의 양의 합)
= 2 L 700 mL + 3 L 200 mL
= 5 L 900 mL

④ 물 1 L 900 mL와 매실 원액 1 L 450 mL를 섞어 매실주스를 만들었습니다.
만든 매실주스는 모두 몇 L 몇 mL인가요?

식   1 L 900 mL + 1 L 450 mL = 3 L 350 mL

답   3 L 350 mL

풀이 (만든 매실주스의 양)
= (물의 양) + (매실 원액의 양)
= 1 L 900 mL + 1 L 450 mL
= 3 L 350 mL

⑤ 들이가 각각 오른쪽과 같은 양동이와 주전자에
물을 가득 채운 다음 빈 어항에 모두 옮겨 담았더니
어항에 물이 가득 찼습니다.
어항의 들이는 몇 L 몇 mL인가요?

4200 mL   2 L 850 mL

식   4200 mL + 2 L 850 mL = 7 L 50 mL

답   7 L 50 mL

풀이 (어항의 들이)
= (양동이의 들이) + (주전자의 들이)
= 4200 mL + 2 L 850 mL
= 4 L 200 mL + 2 L 850 mL
= 7 L 50 mL

74   75

76-77쪽

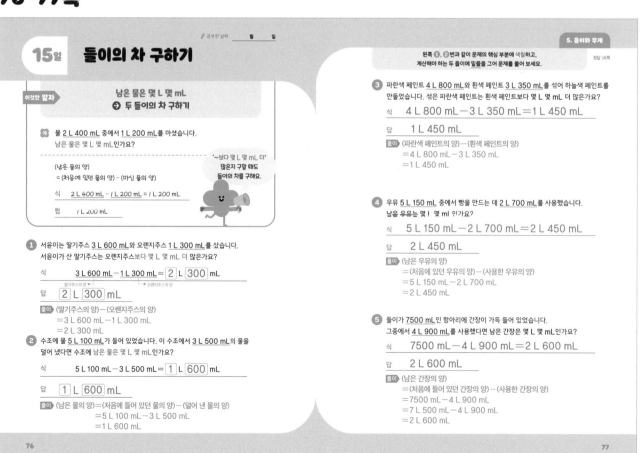

공부한 날짜   월   일

15일 들이의 차 구하기

이것만 알자

남은 물은 몇 L 몇 mL
➡ 두 들이의 차 구하기

예 물 2 L 400 mL 중에서 1 L 200 mL를 마셨습니다.
남은 물은 몇 L 몇 mL인가요?

'~보다 몇 L 몇 mL 더
많은지 구할 때도
들이의 차를 구해요.

(남은 물의 양)
= (처음에 있던 물의 양) - (마신 물의 양)

식   2 L 400 mL - 1 L 200 mL = 1 L 200 mL

답   1 L 200 mL

① 서윤이는 딸기주스 3 L 600 mL와 오렌지주스 1 L 300 mL를 샀습니다.
서윤이가 산 딸기주스는 오렌지주스보다 몇 L 몇 mL 더 많은가요?

식   3 L 600 mL - 1 L 300 mL = 2 L 300 mL
      딸기주스의 양   오렌지주스의 양

답   2 L 300 mL

풀이 (딸기주스의 양) - (오렌지주스의 양)
= 3 L 600 mL - 1 L 300 mL
= 2 L 300 mL

② 수조에 물 5 L 100 mL가 들어 있었습니다. 이 수조에서 3 L 500 mL의 물을
덜어 냈다면 수조에 남은 물은 몇 L 몇 mL인가요?

식   5 L 100 mL - 3 L 500 mL = 1 L 600 mL

답   1 L 600 mL

풀이 (남은 물의 양)=(처음에 들어 있던 물의 양)-(덜어 낸 물의 양)
= 5 L 100 mL - 3 L 500 mL
= 1 L 600 mL

왼쪽 ①, ②번과 같이 문제의 핵심 부분에 색칠하고,
계산해야 하는 두 들이에 밑줄을 그어 문제를 풀어 보세요.   정답 16쪽

③ 파란색 페인트 4 L 800 mL와 흰색 페인트 3 L 350 mL를 섞어 하늘색 페인트를
만들었습니다. 섞은 파란색 페인트는 흰색 페인트보다 몇 L 몇 mL 더 많은가요?

식   4 L 800 mL - 3 L 350 mL = 1 L 450 mL

답   1 L 450 mL

풀이 (파란색 페인트의 양) - (흰색 페인트의 양)
= 4 L 800 mL - 3 L 350 mL
= 1 L 450 mL

④ 우유 5 L 150 mL 중에서 빵을 만드는 데 2 L 700 mL를 사용했습니다.
남을 우유는 몇 L 몇 mL 인가요?

식   5 L 150 mL - 2 L 700 mL = 2 L 450 mL

답   2 L 450 mL

풀이 (남은 우유의 양)
= (처음에 있던 우유의 양) - (사용한 우유의 양)
= 5 L 150 mL - 2 L 700 mL
= 2 L 450 mL

⑤ 들이가 7500 mL인 항아리에 간장이 가득 들어 있었습니다.
그중에서 4 L 900 mL를 사용했다면 남은 간장은 몇 L 몇 mL인가요?

식   7500 mL - 4 L 900 mL = 2 L 600 mL

답   2 L 600 mL

풀이 (남은 간장의 양)
= (처음에 들어 있던 간장의 양) - (사용한 간장의 양)
= 7500 mL - 4 L 900 mL
= 7 L 500 mL - 4 L 900 mL
= 2 L 600 mL

76   77

78-79쪽

15일 무게 비교하기

이것만 알자
몇 개만큼 더 무거운가요?
➡ 무게를 잰 단위의 개수가 몇 개만큼 더 많은지 구하기

예 바둑돌을 이용하여 연필과 지우개의 무게를 비교했습니다.
연필과 지우개 중에서 어느 것이 바둑돌 몇 개만큼 더 무거운가요?

연필 바둑돌 2개   지우개 바둑돌 4개

연필은 바둑돌 2개, 지우개는 바둑돌 4개의 무게와 같으므로
지우개가 바둑돌 4 − 2 = 2(개)만큼 더 무겁습니다.

답   지우개, 2개

① 공깃돌을 이용하여 사과와 귤의 무게를 비교했습니다.
사과와 귤 중에서 어느 것이 공깃돌 몇 개만큼 더 무거운가요?

사과 공깃돌 30개   귤 공깃돌 8개

(사과 , 22개)

풀이 사과는 공깃돌 30개, 귤은 공깃돌 8개의 무게와 같으므로
사과가 공깃돌 30 − 8 = 22(개)만큼 더 무겁습니다.

왼쪽 **①**번과 같이 문제의 핵심 부분에 색칠하고,
문제를 풀어 보세요.   정답 17쪽

② 바둑돌을 이용하여 바나나와 키위의 무게를 비교했습니다.
바나나와 키위 중에서 어느 것이 바둑돌 몇 개만큼 더 무거운가요?

바나나 바둑돌 36개   키위 바둑돌 31개

(바나나 , 5개)

풀이 바나나는 바둑돌 36개, 키위는 바둑돌 31개의 무게와 같으므로
바나나가 바둑돌 36 − 31 = 5(개)만큼 더 무겁습니다.

③ 100원짜리 동전을 이용하여 감자와 고구마의 무게를 비교했습니다.
감자와 고구마 중에서 어느 것이 100원짜리 동전 몇 개만큼 더 무거운가요?

감자 100원짜리 동전 16개   고구마 100원짜리 동전 20개

(고구마 , 4개)

풀이 감자는 100원짜리 동전 16개, 고구마는 100원짜리 동전 20개의 무게와
같으므로 고구마가 100원짜리 동전 20 − 16 = 4(개)만큼 더 무겁습니다.

④ 클립을 이용하여 풀과 삼각자의 무게를 비교했습니다.
풀과 삼각자 중에서 어느 것이 클립 몇 개만큼 더 무거운가요?

물건	풀	삼각자
클립의 수	24개	17개

(풀 , 7개)

풀이 풀은 클립 24개, 삼각자는 클립 17개의 무게와 같으므로
풀이 클립 24 − 17 = 7(개)만큼 더 무겁습니다.

80-81쪽

공부한 날짜   월   일

16일 무게의 합 구하기

이것만 알자
모두 몇 kg 몇 g
➡ 두 무게의 합 구하기

예 승준이는 부침 가루 1 kg 500 g과 밀가루 2 kg 300 g을 샀습니다.
승준이가 산 부침 가루와 밀가루는 모두 몇 kg 몇 g인가요?

(부침 가루와 밀가루의 무게의 합)
= (부침 가루의 무게) + (밀가루의 무게)

식   1 kg 500 g + 2 kg 300 g = 3 kg 800 g

답   3 kg 800 g

① 지민이네 가족은 텃밭에서 고구마 5 kg 100 g과 감자 4 kg 600 g을 캤습니다.
지민이네 가족이 캔 고구마와 감자는 모두 몇 kg 몇 g인가요?

식   5 kg 100 g + 4 kg 600 g = 9 kg 700 g
        └고구마의 무게┘   └감자의 무게┘

답   9 kg 700 g

풀이 (고구마와 감자의 무게의 합) = (고구마의 무게) + (감자의 무게)
        = 5 kg 100 g + 4 kg 600 g
        = 9 kg 700 g

② ㉮ 택배 상자의 무게는 2 kg 700 g이고, ㉯ 택배 상자의 무게는
3 kg 800 g입니다. ㉮와 ㉯ 택배 상자의 무게는 모두 몇 kg 몇 g인가요?

식   2 kg 700 g + 3 kg 800 g = 6 kg 500 g

답   6 kg 500 g

풀이 (㉮와 ㉯ 택배 상자의 무게의 합)
        = (㉮ 택배 상자의 무게) + (㉯ 택배 상자의 무게)
        = 2 kg 700 g + 3 kg 800 g
        = 6 kg 500 g

왼쪽 **①**, **②**번과 같이 문제의 핵심 부분에 색칠하고,
계산해야 하는 두 무게에 밑줄을 그어 문제를 풀어 보세요.   정답 17쪽

③ 쌀 3 kg 200 g과 보리 1 kg 900 g을 섞었습니다.
쌀과 보리를 섞은 무게는 모두 몇 kg 몇 g인가요?

식   3 kg 200 g + 1 kg 900 g = 5 kg 100 g

답   5 kg 100 g

풀이 (쌀과 보리의 무게의 합)
        = (쌀의 무게) + (보리의 무게)
        = 3 kg 200 g + 1 kg 900 g
        = 5 kg 100 g

④ 무게가 1 kg 400 g인 가방에 무게가 850 g인 책을 넣었습니다.
책을 넣은 가방의 무게는 모두 몇 kg 몇 g인가요?

식   1 kg 400 g + 850 g = 2 kg 250 g

답   2 kg 250 g

풀이 (책을 넣은 가방의 무게)
        = (가방의 무게) + (책의 무게)
        = 1 kg 400 g + 850 g
        = 2 kg 250 g

⑤ 저울에 설탕을 올려놓았더니 저울의 바늘이
2 kg 750 g을 가리켰습니다.
설탕 1600 g을 더 올려놓으면 저울에 올려놓은
설탕의 무게는 모두 몇 kg 몇 g이 되나요?

식   2 kg 750 g + 1600 g = 4 kg 350 g

답   4 kg 350 g

풀이 (저울에 올려놓은 설탕의 무게) + (더 올려놓는 설탕의 무게)
        = 2 kg 750 g + 1600 g
        = 2 kg 750 g + 1 kg 600 g
        = 4 kg 350 g

5 들이와 무게

82-83쪽

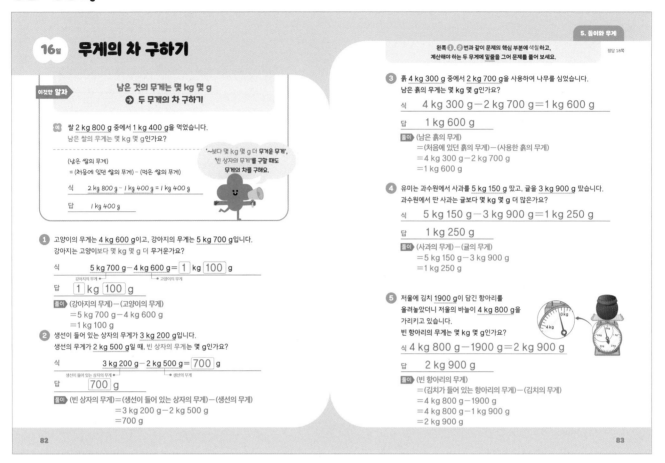

16일 무게의 차 구하기

이것만 알자

남은 것의 무게는 몇 kg 몇 g
➡ 두 무게의 차 구하기

예 쌀 2 kg 800 g 중에서 1 kg 400 g을 먹었습니다.
남은 쌀의 무게는 몇 kg 몇 g인가요?

'~보다 몇 kg 몇 g 더 **무거운 무게**',
빈 상자의 무게'를 구할 때도
무게의 차를 구해요.

(남은 쌀의 무게)
= (처음에 있던 쌀의 무게) − (먹은 쌀의 무게)

식   2 kg 800 g − 1 kg 400 g = 1 kg 400 g

답   1 kg 400 g

1 고양이의 무게는 4 kg 600 g이고, 강아지의 무게는 5 kg 700 g입니다.
강아지는 고양이보다 몇 kg 몇 g 더 무거운가요?

식   5 kg 700 g − 4 kg 600 g = 1 kg 100 g
     └강아지의 무게┘ └고양이의 무게┘

답   1 kg 100 g

풀이 (강아지의 무게) − (고양이의 무게)
= 5 kg 700 g − 4 kg 600 g
= 1 kg 100 g

2 생선이 들어 있는 상자의 무게가 3 kg 200 g입니다.
생선의 무게가 2 kg 500 g일 때, 빈 상자의 무게는 몇 g인가요?

식   3 kg 200 g − 2 kg 500 g = 700 g
     └생선이 들어 있는 상자의 무게┘ └생선의 무게┘

답   700 g

풀이 (빈 상자의 무게) = (생선이 들어 있는 상자의 무게) − (생선의 무게)
= 3 kg 200 g − 2 kg 500 g
= 700 g

왼쪽 **1**, **2**번과 같이 문제의 핵심 부분을 색칠하고,
계산해야 하는 두 무게에 밑줄을 그어 문제를 풀어 보세요.

정답 18쪽

3 흙 4 kg 300 g 중에서 2 kg 700 g을 사용하여 나무를 심었습니다.
남은 흙의 무게는 몇 kg 몇 g인가요?

식   4 kg 300 g − 2 kg 700 g = 1 kg 600 g

답   1 kg 600 g

풀이 (남은 흙의 무게)
= (처음에 있던 흙의 무게) − (사용한 흙의 무게)
= 4 kg 300 g − 2 kg 700 g
= 1 kg 600 g

4 유미는 과수원에서 사과를 5 kg 150 g 땄고, 귤을 3 kg 900 g 땄습니다.
과수원에서 딴 사과는 귤보다 몇 kg 몇 g 더 많은가요?

식   5 kg 150 g − 3 kg 900 g = 1 kg 250 g

답   1 kg 250 g

풀이 (사과의 무게) − (귤의 무게)
= 5 kg 150 g − 3 kg 900 g
= 1 kg 250 g

5 저울에 김치 1900 g이 담긴 항아리를
올려놓았더니 저울의 바늘이 4 kg 800 g을
가리키고 있습니다.
빈 항아리의 무게는 몇 kg 몇 g인가요?

식   4 kg 800 g − 1900 g = 2 kg 900 g

답   2 kg 900 g

풀이 (빈 항아리의 무게)
= (김치가 들어 있는 항아리의 무게) − (김치의 무게)
= 4 kg 800 g − 1900 g
= 4 kg 800 g − 1 kg 900 g
= 2 kg 900 g

82   83

84-85쪽

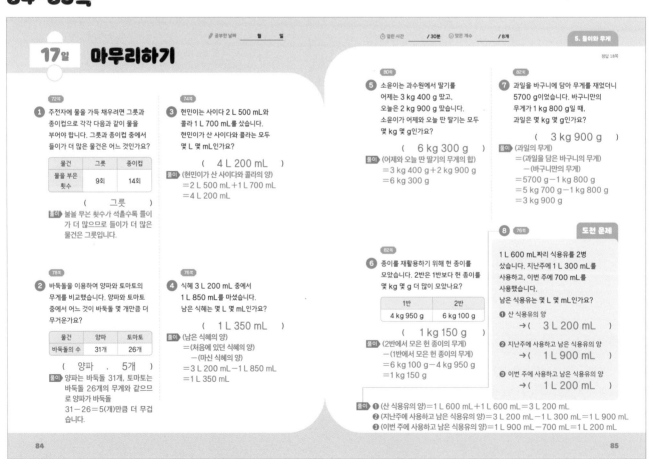

17일 마무리하기

✏ 공부한 날짜   월   일   ⏱ 걸린 시간 / 30분   ◎ 맞은 개수 / 8개

정답 18쪽

1 [72쪽] 주전자에 물을 가득 채우려면 그릇과
종이컵으로 각각 다음과 같이 물을
부어야 합니다. 그릇과 종이컵 중에서
들이가 더 많은 물건은 어느 것인가요?

물건	그릇	종이컵
물을 부은 횟수	9회	14회

(그릇)

풀이 물을 부은 횟수가 적을수록 들이
가 더 많으므로 들이가 더 많은
물건은 그릇입니다.

2 [78쪽] 바둑돌을 이용하여 양파와 토마토의
무게를 비교했습니다. 양파와 토마토
중에서 어느 것이 바둑돌 몇 개만큼 더
무거운가요?

물건	양파	토마토
바둑돌의 수	31개	26개

(양파 , 5개)

풀이 양파는 바둑돌 31개, 토마토는
바둑돌 26개의 무게와 같으므
로 양파가 바둑돌
31 − 26 = 5(개)만큼 더 무겁
습니다.

3 [74쪽] 현민이는 사이다 2 L 500 mL와
콜라 1 L 700 mL를 샀습니다.
현민이가 산 사이다와 콜라는 모두
몇 L 몇 mL인가요?

(4 L 200 mL)

풀이 (현민이가 산 사이다와 콜라의 양)
= 2 L 500 mL + 1 L 700 mL
= 4 L 200 mL

4 [76쪽] 식혜 3 L 200 mL 중에서
1 L 850 mL를 마셨습니다.
남은 식혜는 몇 L 몇 mL인가요?

(1 L 350 mL)

풀이 (남은 식혜의 양)
= (처음에 있던 식혜의 양)
  − (마신 식혜의 양)
= 3 L 200 mL − 1 L 850 mL
= 1 L 350 mL

5 [80쪽] 소윤이는 과수원에서 딸기를
어제는 3 kg 400 g 땄고,
오늘은 2 kg 900 g 땄습니다.
소윤이가 어제와 오늘 딴 딸기는 모두
몇 kg 몇 g인가요?

(6 kg 300 g)

풀이 (어제와 오늘 딴 딸기의 무게의 합)
= 3 kg 400 g + 2 kg 900 g
= 6 kg 300 g

6 [82쪽] 종이를 재활용하기 위해 헌 종이를
모았습니다. 2반은 1반보다 헌 종이를
몇 kg 몇 g 더 많이 모았나요?

1반	2반
4 kg 950 g	6 kg 100 g

(1 kg 150 g)

풀이 (2반에서 모은 헌 종이의 무게)
− (1반에서 모은 헌 종이의 무게)
= 6 kg 100 g − 4 kg 950 g
= 1 kg 150 g

7 [82쪽] 과일을 바구니에 담아 무게를 재었더니
5700 g이었습니다. 바구니만의
무게가 1 kg 800 g일 때,
과일은 몇 kg 몇 g인가요?

(3 kg 900 g)

풀이 (과일의 무게)
= (과일을 담은 바구니의 무게)
  − (바구니만의 무게)
= 5700 g − 1 kg 800 g
= 5 kg 700 g − 1 kg 800 g
= 3 kg 900 g

8 [76쪽]   **도전 문제**

1 L 600 mL짜리 식용유를 2병
샀습니다. 지난주에 1 L 300 mL를
사용하고, 이번 주에 700 mL를
사용했습니다.
남은 식용유는 몇 L 몇 mL인가요?

❶ 산 식용유의 양
→ (3 L 200 mL)

❷ 지난주에 사용하고 남은 식용유의 양
→ (1 L 900 mL)

❸ 이번 주에 사용하고 남은 식용유의 양
→ (1 L 200 mL)

풀이 ❶ (산 식용유의 양) = 1 L 600 mL + 1 L 600 mL = 3 L 200 mL
❷ (지난주에 사용하고 남은 식용유의 양) = 3 L 200 mL − 1 L 300 mL = 1 L 900 mL
❸ (이번 주에 사용하고 남은 식용유의 양) = 1 L 900 mL − 700 mL = 1 L 200 mL

84   85

6 자료의 정리

88-89쪽

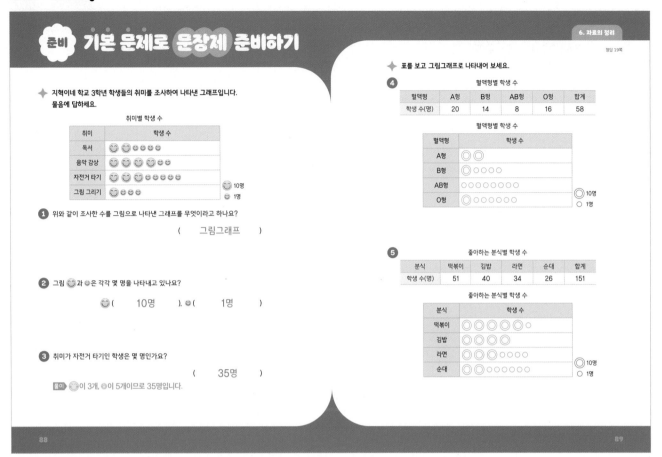

정답 19쪽

준비 기본 문제로 문장제 준비하기

지혁이네 학교 3학년 학생들의 취미를 조사하여 나타낸 그래프입니다.
물음에 답하세요.

취미별 학생 수

취미	학생 수
독서	☺☺☺☺☺
음악 감상	☺☺☺☺☺
자전거 타기	☺☺☺☺☺☺☺
그림 그리기	☺☺☺☺

☺ 10명
☺ 1명

① 위와 같이 조사한 수를 그림으로 나타낸 그래프를 무엇이라고 하나요?

(그림그래프)

② 그림 ☺과 ☺은 각각 몇 명을 나타내고 있나요?

☺(10명), ☺(1명)

③ 취미가 자전거 타기인 학생은 몇 명인가요?

(35명)

풀이 ☺이 3개, ☺이 5개이므로 35명입니다.

표를 보고 그림그래프로 나타내어 보세요.

④ 혈액형별 학생 수

혈액형	A형	B형	AB형	O형	합계
학생 수(명)	20	14	8	16	58

혈액형별 학생 수

혈액형	학생 수
A형	◎◎
B형	◎○○○○
AB형	○○○○○○○○
O형	◎○○○○○○

◎ 10명
○ 1명

⑤ 좋아하는 분식별 학생 수

분식	떡볶이	김밥	라면	순대	합계
학생 수(명)	51	40	34	26	151

좋아하는 분식별 학생 수

분식	학생 수
떡볶이	◎◎◎◎◎○
김밥	◎◎◎◎
라면	◎◎◎○○○○
순대	◎◎○○○○○○

◎ 10명
○ 1명

90-91쪽

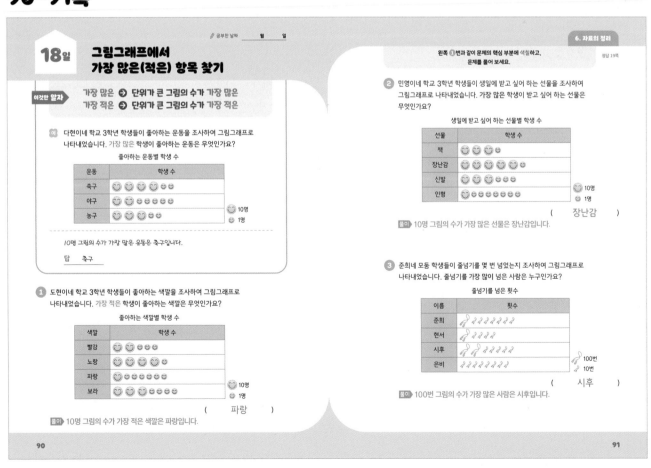

공부한 날짜 월 일

18일 그림그래프에서
가장 많은(적은) 항목 찾기

이것만 알자
가장 많은 ➡ 단위가 큰 그림의 수가 가장 많은
가장 적은 ➡ 단위가 큰 그림의 수가 가장 적은

예 다현이네 학교 3학년 학생들이 좋아하는 운동을 조사하여 그림그래프로
나타내었습니다. 가장 많은 학생이 좋아하는 운동은 무엇인가요?

좋아하는 운동별 학생 수

운동	학생 수
축구	☺☺☺☺☺☺
야구	☺☺☺☺☺
농구	☺☺☺☺

☺ 10명
☺ 1명

10명 그림의 수가 가장 많은 운동은 축구입니다.

답 축구

① 도현이네 학교 3학년 학생들이 좋아하는 색깔을 조사하여 그림그래프로
나타내었습니다. 가장 적은 학생이 좋아하는 색깔은 무엇인가요?

좋아하는 색깔별 학생 수

색깔	학생 수
빨강	☺☺○○○○
노랑	☺☺☺○
파랑	☺○○○○○
보라	☺☺○○○○

☺ 10명
○ 1명

(파랑)

풀이 10명 그림의 수가 가장 적은 색깔은 파랑입니다.

정답 19쪽

왼쪽 ①번과 같이 문제의 핵심 부분에 색칠하고,
문제를 풀어 보세요.

② 민영이네 학교 3학년 학생들이 생일에 받고 싶어 하는 선물을 조사하여
그림그래프로 나타내었습니다. 가장 많은 학생이 받고 싶어 하는 선물은
무엇인가요?

생일에 받고 싶어 하는 선물별 학생 수

선물	학생 수
책	☺☺☺
장난감	☺☺☺☺☺
신발	☺☺☺
인형	☺☺☺☺

☺ 10명
☺ 1명

(장난감)

풀이 10명 그림의 수가 가장 많은 선물은 장난감입니다.

③ 준희네 모둠 학생들이 줄넘기를 몇 번 넘었는지 조사하여 그림그래프로
나타내었습니다. 줄넘기를 가장 많이 넘은 사람은 누구인가요?

줄넘기를 넘은 횟수

이름	횟수
준희	👣𝄜𝄜𝄜𝄜
현서	👣𝄜𝄜𝄜
시후	👣👣𝄜𝄜𝄜
은비	𝄜𝄜𝄜𝄜𝄜𝄜𝄜

👣 100번
𝄜 10번

(시후)

풀이 100번 그림의 수가 가장 많은 사람은 시후입니다.

6 자료의 정리

92-93쪽

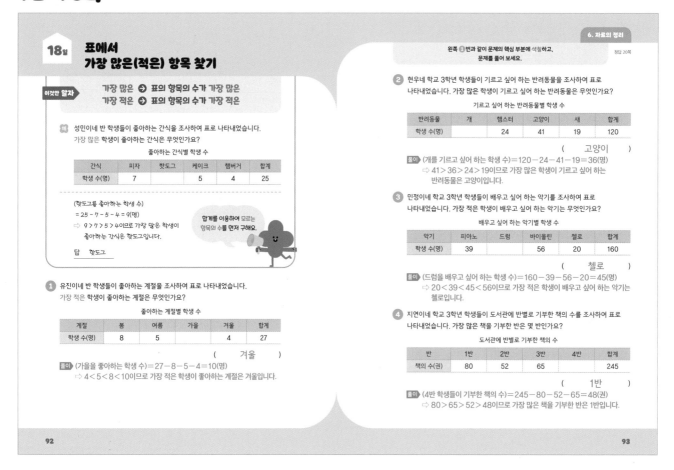

18일 표에서 가장 많은(적은) 항목 찾기

어떤건 알자

가장 많은 ➡ 표의 항목의 수가 가장 많은
가장 적은 ➡ 표의 항목의 수가 가장 적은

성민이네 반 학생들이 좋아하는 간식을 조사하여 표로 나타내었습니다.
가장 많은 학생이 좋아하는 간식은 무엇인가요?

좋아하는 간식별 학생 수

간식	피자	핫도그	케이크	햄버거	합계
학생 수(명)	7		5	4	25

(핫도그를 좋아하는 학생 수)
=25-7-5-4=9(명)
➡ 9>7>5>4이므로 가장 많은 학생이
좋아하는 간식은 핫도그입니다.

합계를 이용하여 모르는
항목의 수를 먼저 구해요.

답 **핫도그**

① 유진이네 반 학생들이 좋아하는 계절을 조사하여 표로 나타내었습니다.
가장 적은 학생이 좋아하는 계절은 무엇인가요?

좋아하는 계절별 학생 수

계절	봄	여름	가을	겨울	합계
학생 수(명)	8	5		4	27

(**겨울**)

풀이 (가을을 좋아하는 학생 수)=27-8-5-4=10(명)
➡ 4<5<8<10이므로 가장 적은 학생이 좋아하는 계절은 겨울입니다.

왼쪽 **①**번과 같이 문제의 핵심 부분에 색칠하고,
문제를 풀어 보세요.

정답 20쪽

② 현우네 학교 3학년 학생들이 기르고 싶어 하는 반려동물을 조사하여 표로
나타내었습니다. 가장 많은 학생이 기르고 싶어 하는 반려동물은 무엇인가요?

기르고 싶어 하는 반려동물별 학생 수

반려동물	개	햄스터	고양이	새	합계
학생 수(명)		24	41	19	120

(**고양이**)

풀이 (개를 기르고 싶어 하는 학생 수)=120-24-41-19=36(명)
➡ 41>36>24>19이므로 가장 많은 학생이 기르고 싶어 하는
반려동물은 고양이입니다.

③ 민정이네 학교 3학년 학생들이 배우고 싶어 하는 악기를 조사하여 표로
나타내었습니다. 가장 적은 학생이 배우고 싶어 하는 악기는 무엇인가요?

배우고 싶어 하는 악기별 학생 수

악기	피아노	드럼	바이올린	첼로	합계
학생 수(명)	39		56	20	160

(**첼로**)

풀이 (드럼을 배우고 싶어 하는 학생 수)=160-39-56-20=45(명)
➡ 20<39<45<56이므로 가장 적은 학생이 배우고 싶어 하는 악기는
첼로입니다.

④ 지연이네 학교 3학년 학생들이 도서관에 반별로 기부한 책의 수를 조사하여 표로
나타내었습니다. 가장 많은 책을 기부한 반은 몇 반인가요?

도서관에 반별로 기부한 책의 수

반	1반	2반	3반	4반	합계
책의 수(권)	80	52	65		245

(**1반**)

풀이 (4반 학생들이 기부한 책의 수)=245-80-52-65=48(권)
➡ 80>65>52>48이므로 가장 많은 책을 기부한 반은 1반입니다.

94-95쪽

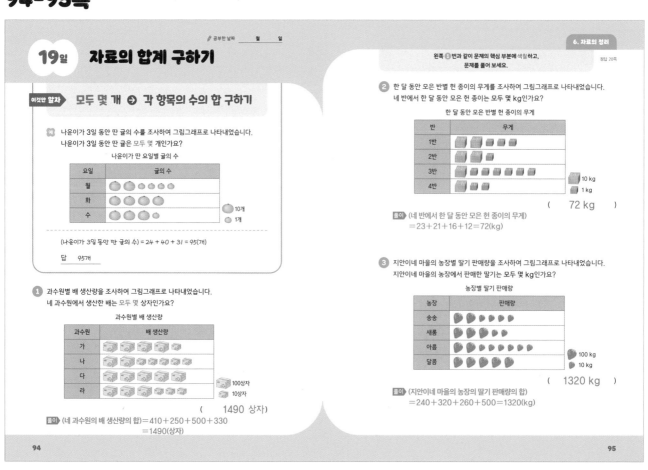

공부한 날짜 월 일

19일 자료의 합계 구하기

어떤건 알자 모두 몇 개 ➡ 각 항목의 수의 합 구하기

나윤이가 3일 동안 딴 귤의 수를 조사하여 그림그래프로 나타내었습니다.
나윤이가 3일 동안 딴 귤은 모두 몇 개인가요?

나윤이가 딴 요일별 귤의 수

요일	귤의 수
월	🍊🍊🍊🍊🍊🍊
화	🍊🍊🍊🍊
수	🍊🍊🍊🍊

🍊 10개
🍊 1개

(나윤이가 3일 동안 딴 귤의 수) = 24 + 40 + 31 = 95(개)

답 **95개**

① 과수원별 배 생산량을 조사하여 그림그래프로 나타내었습니다.
네 과수원에서 생산한 배는 모두 몇 상자인가요?

과수원별 배 생산량

과수원	배 생산량
가	📦📦📦📦
나	📦📦📦📦📦
다	📦📦📦📦📦
라	📦📦📦📦📦

📦 100상자
📦 10상자

(**1490 상자**)

풀이 (네 과수원의 배 생산량의 합)=410+250+500+330
=1490(상자)

왼쪽 **①**번과 같이 문제의 핵심 부분에 색칠하고,
문제를 풀어 보세요.

정답 20쪽

② 한 달 동안 모은 반별 헌 종이의 무게를 조사하여 그림그래프로 나타내었습니다.
네 반에서 한 달 동안 모은 헌 종이는 모두 몇 kg인가요?

한 달 동안 모은 반별 헌 종이의 무게

반	무게
1반	
2반	
3반	
4반	

🗑 10 kg
🗑 1 kg

(**72 kg**)

풀이 (네 반에서 한 달 동안 모은 헌 종이의 무게)
=23+21+16+12=72(kg)

③ 지안이네 마을의 농장별 딸기 판매량을 조사하여 그림그래프로 나타내었습니다.
지안이네 마을의 농장에서 판매한 딸기는 모두 몇 kg인가요?

농장별 딸기 판매량

농장	판매량
송송	
새콤	
아름	
달콤	

🍓 100 kg
🍓 10 kg

(**1320 kg**)

풀이 (지안이네 마을의 농장의 딸기 판매량의 합)
=240+320+260+500=1320(kg)

96-97쪽

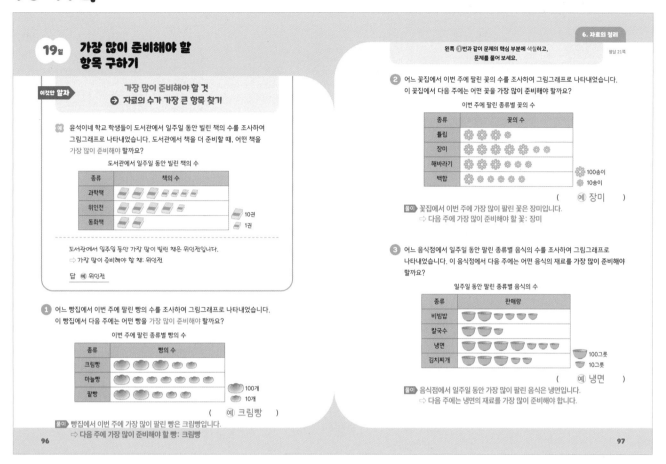

19일 가장 많이 준비해야 할 항목 구하기

이것만 알자

가장 많이 준비해야 할 것
➡ 자료의 수가 가장 큰 항목 찾기

예) 윤석이네 학교 학생들이 도서관에서 일주일 동안 빌린 책의 수를 조사하여 그림그래프로 나타내었습니다. 도서관에서 책을 더 준비할 때, 어떤 책을 가장 많이 준비해야 할까요?

도서관에서 일주일 동안 빌린 책의 수

종류	책의 수
과학책	
위인전	
동화책	

📗10권 📗1권

도서관에서 일주일 동안 가장 많이 빌린 책은 위인전입니다.
➡ 가장 많이 준비해야 할 책: 위인전

답 예) 위인전

① 어느 빵집에서 이번 주에 팔린 빵의 수를 조사하여 그림그래프로 나타내었습니다. 이 빵집에서 다음 주에는 어떤 빵을 가장 많이 준비해야 할까요?

이번 주에 팔린 종류별 빵의 수

종류	빵의 수
크림빵	
마늘빵	
팥빵	

🥐100개 🥐10개

(예) 크림빵)

풀이) 빵집에서 이번 주에 가장 많이 팔린 빵은 크림빵입니다.
➡ 다음 주에 가장 많이 준비해야 할 빵: 크림빵

96

6. 자료의 정리

왼쪽 ①번과 같이 문제의 핵심 부분에 색칠하고, 문제를 풀어 보세요.
정답 21쪽

② 어느 꽃집에서 이번 주에 팔린 꽃의 수를 조사하여 그림그래프로 나타내었습니다. 이 꽃집에서 다음 주에는 어떤 꽃을 가장 많이 준비해야 할까요?

이번 주에 팔린 종류별 꽃의 수

종류	꽃의 수
튤립	
장미	
해바라기	
백합	

🌼100송이 🌼10송이

(예) 장미)

풀이) 꽃집에서 이번 주에 가장 많이 팔린 꽃은 장미입니다.
➡ 다음 주에 가장 많이 준비해야 할 꽃: 장미

③ 어느 음식점에서 일주일 동안 팔린 종류별 음식의 수를 조사하여 그림그래프로 나타내었습니다. 이 음식점에서 다음 주에는 어떤 음식의 재료를 가장 많이 준비해야 할까요?

일주일 동안 팔린 종류별 음식의 수

종류	판매량
비빔밥	
칼국수	
냉면	
김치찌개	

🍚100그릇 🍚10그릇

(예) 냉면)

풀이) 음식점에서 일주일 동안 가장 많이 팔린 음식은 냉면입니다.
➡ 다음 주에는 냉면의 재료를 가장 많이 준비해야 합니다.

97

98-99쪽

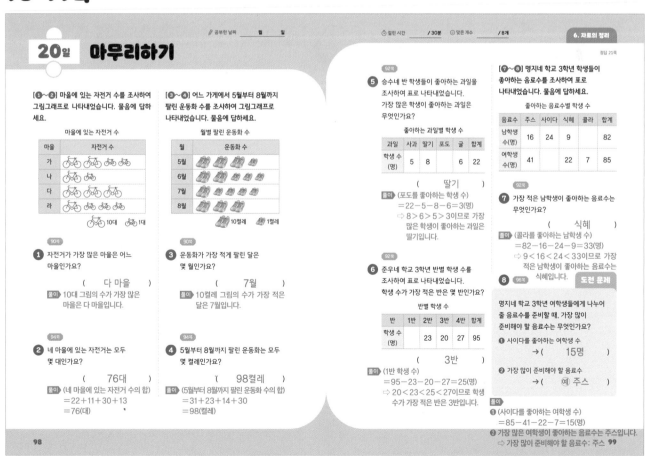

20일 마무리하기

공부한 날짜 ___월 ___일   걸린 시간 ___/30분   맞은 개수 ___/8개   **6. 자료의 정리**

정답 21쪽

[1~2] 마을에 있는 자전거 수를 조사하여 그림그래프로 나타내었습니다. 물음에 답하세요.

마을에 있는 자전거 수

마을	자전거 수
가	
나	
다	
라	

🚲10대 🚲1대

90쪽
① 자전거가 가장 많은 마을은 어느 마을인가요?

(다 마을)
풀이) 10대 그림의 수가 가장 많은 마을은 다 마을입니다.

94쪽
② 네 마을에 있는 자전거는 모두 몇 대인가요?

(76대)
풀이) (네 마을에 있는 자전거 수의 합)
=22+11+30+13
=76(대)

[3~4] 어느 가게에서 5월부터 8월까지 팔린 운동화 수를 조사하여 그림그래프로 나타내었습니다. 물음에 답하세요.

월별 팔린 운동화 수

월	운동화 수
5월	
6월	
7월	
8월	

👟10켤레 👟1켤레

90쪽
③ 운동화가 가장 적게 팔린 달은 몇 월인가요?

(7월)
풀이) 10켤레 그림의 수가 가장 적은 달은 7월입니다.

94쪽
④ 5월부터 8월까지 팔린 운동화는 모두 몇 켤레인가요?

(98켤레)
풀이) (5월부터 8월까지 팔린 운동화 수의 합)
=31+23+14+30
=98(켤레)

98

92쪽
⑤ 승수네 반 학생들이 좋아하는 과일을 조사하여 표로 나타내었습니다. 가장 많은 학생이 좋아하는 과일은 무엇인가요?

좋아하는 과일별 학생 수

과일	사과	딸기	포도	귤	합계
학생 수(명)	5	8		6	22

(딸기)
풀이) (포도를 좋아하는 학생 수)
=22-5-8-6=3(명)
➡ 8>6>5>3이므로 가장 많은 학생이 좋아하는 과일은 딸기입니다.

92쪽
⑥ 준우네 학교 3학년 반별 학생 수를 조사하여 표로 나타내었습니다. 학생 수가 가장 적은 반은 몇 반인가요?

반별 학생 수

반	1반	2반	3반	4반	합계
학생 수(명)		23	20	27	95

(3반)
풀이) (1반 학생 수)
=95-23-20-27=25(명)
➡ 20<23<25<27이므로 학생 수가 가장 적은 반은 3반입니다.

[7~8] 명지네 학교 3학년 학생들이 좋아하는 음료수를 조사하여 표로 나타내었습니다. 물음에 답하세요.

좋아하는 음료수별 학생 수

음료수	주스	사이다	식혜	콜라	합계
남학생 수(명)	16	24	9		82
여학생 수(명)	41		22	7	85

92쪽
⑦ 가장 적은 남학생이 좋아하는 음료수는 무엇인가요?

(식혜)
풀이) (콜라를 좋아하는 남학생 수)
=82-16-24-9=33(명)
➡ 9<16<24<33이므로 가장 적은 남학생이 좋아하는 음료수는 식혜입니다.

96쪽
⑧ **도전 문제**

명지네 학교 3학년 여학생들에게 나누어 줄 음료수를 준비할 때, 가장 많이 준비해야 할 음료수는 무엇인가요?
❶ 사이다를 좋아하는 여학생 수
→(15명)
❷ 가장 많이 준비해야 할 음료수
→(예) 주스)

풀이)
❶ (사이다를 좋아하는 여학생 수)
=85-41-22-7=15(명)
❷ 가장 많은 여학생이 좋아하는 음료수는 주스입니다.
➡ 가장 많이 준비해야 할 음료수: 주스

99

21

실력 평가

100-101쪽

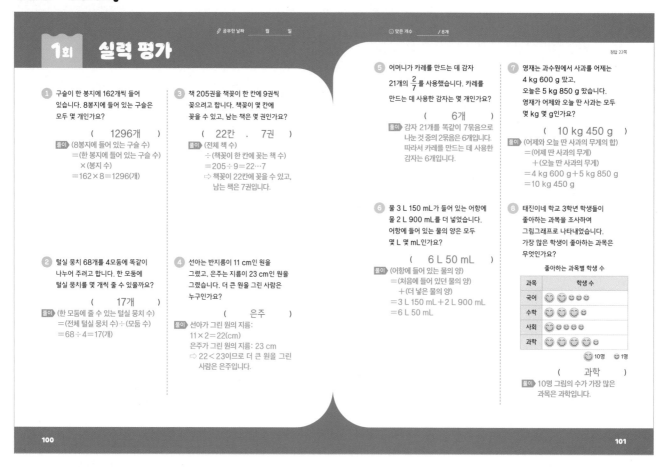

✏️ 공부한 날짜   월   일   ☺️ 맞은 개수 ___/8개

정답 22쪽

1 구슬이 한 봉지에 162개씩 들어 있습니다. 8봉지에 들어 있는 구슬은 모두 몇 개인가요?

(1296개)

풀이 (8봉지에 들어 있는 구슬 수)
= (한 봉지에 들어 있는 구슬 수)
× (봉지 수)
= 162×8 = 1296(개)

2 털실 뭉치 68개를 4모둠에 똑같이 나누어 주려고 합니다. 한 모둠에 털실 뭉치를 몇 개씩 줄 수 있을까요?

(17개)

풀이 (한 모둠에 줄 수 있는 털실 뭉치 수)
= (전체 털실 뭉치 수)÷(모둠 수)
= 68÷4 = 17(개)

3 책 205권을 책꽂이 한 칸에 9권씩 꽂으려고 합니다. 책꽂이 몇 칸에 꽂을 수 있고, 남는 책은 몇 권인가요?

(22칸 , 7권)

풀이 (전체 책 수)
÷ (책꽂이 한 칸에 꽂는 책 수)
= 205÷9 = 22…7
⇨ 책꽂이 22칸에 꽂을 수 있고, 남는 책은 7권입니다.

4 선아는 반지름이 11 cm인 원을 그렸고, 은주는 지름이 23 cm인 원을 그렸습니다. 더 큰 원을 그린 사람은 누구인가요?

(은주)

풀이 선아가 그린 원의 지름:
11×2 = 22(cm)
은주가 그린 원의 지름: 23 cm
⇨ 22 < 23이므로 더 큰 원을 그린 사람은 은주입니다.

5 어머니가 카레를 만드는 데 감자 21개의 $\frac{2}{7}$를 사용했습니다. 카레를 만드는 데 사용한 감자는 몇 개인가요?

(6개)

풀이 감자 21개를 똑같이 7묶음으로 나눈 것 중의 2묶음은 6개입니다. 따라서 카레를 만드는 데 사용한 감자는 6개입니다.

6 물 3 L 150 mL가 들어 있는 어항에 물 2 L 900 mL를 더 넣었습니다. 어항에 들어 있는 물의 양은 모두 몇 L 몇 mL인가요?

(6 L 50 mL)

풀이 (어항에 들어 있는 물의 양)
= (처음에 들어 있던 물의 양)
+ (더 넣은 물의 양)
= 3 L 150 mL + 2 L 900 mL
= 6 L 50 mL

7 영재는 과수원에서 사과를 어제는 4 kg 600 g 땄고, 오늘은 5 kg 850 g 땄습니다. 영재가 어제와 오늘 딴 사과는 모두 몇 kg 몇 g인가요?

(10 kg 450 g)

풀이 (어제와 오늘 딴 사과의 무게의 합)
= (어제 딴 사과의 무게)
+ (오늘 딴 사과의 무게)
= 4 kg 600 g + 5 kg 850 g
= 10 kg 450 g

8 태진이네 학교 3학년 학생들이 좋아하는 과목을 조사하여 그림그래프로 나타내었습니다. 가장 많은 학생이 좋아하는 과목은 무엇인가요?

좋아하는 과목별 학생 수

과목	학생 수
국어	😊😊😊😊😊
수학	😊😊😊😊
사회	😊😊😊😊😊
과학	😊😊😊😊😊

😊 10명 😊 1명

(과학)

풀이 10명 그림의 수가 가장 많은 과목은 과학입니다.

100   101

102-103쪽

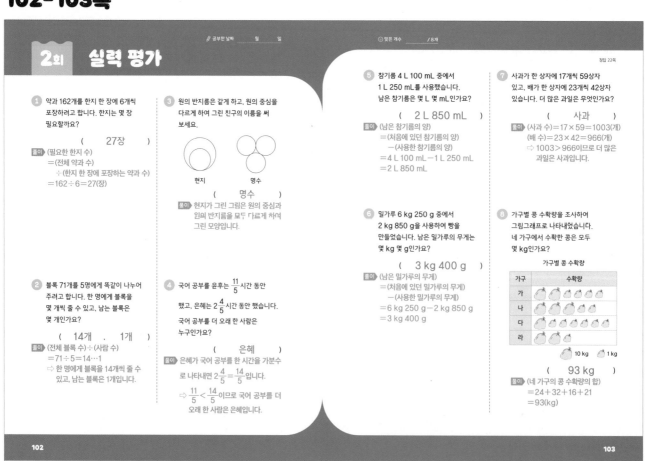

✏️ 공부한 날짜   월   일   ☺️ 맞은 개수 ___/8개

정답 22쪽

1 약과 162개를 한지 한 장에 6개씩 포장하려고 합니다. 한지는 몇 장 필요할까요?

(27장)

풀이 (필요한 한지 수)
= (전체 약과 수)
÷ (한지 한 장에 포장하는 약과 수)
= 162÷6 = 27(장)

2 블록 71개를 5명에게 똑같이 나누어 주려고 합니다. 한 명에게 블록을 몇 개씩 줄 수 있고, 남는 블록은 몇 개인가요?

(14개 , 1개)

풀이 (전체 블록 수)÷(사람 수)
= 71÷5 = 14…1
⇨ 한 명에게 블록을 14개씩 줄 수 있고, 남는 블록은 1개입니다.

3 원의 반지름은 같게 하고, 원의 중심을 다르게 하여 그린 친구의 이름을 써 보세요.

현지   명수

(명수)

풀이 현지가 그린 그림은 원의 중심과 원의 반지름을 모두 다르게 하여 그린 모양입니다.

4 국어 공부를 윤후는 $\frac{11}{5}$ 시간 동안 했고, 은혜는 $2\frac{4}{5}$ 시간 동안 했습니다. 국어 공부를 더 오래 한 사람은 누구인가요?

(은혜)

풀이 은혜가 국어 공부를 한 시간을 가분수로 나타내면 $2\frac{4}{5} = \frac{14}{5}$입니다.
⇨ $\frac{11}{5} < \frac{14}{5}$이므로 국어 공부를 더 오래 한 사람은 은혜입니다.

5 참기름 4 L 100 mL 중에서 1 L 250 mL를 사용했습니다. 남은 참기름은 몇 L 몇 mL인가요?

(2 L 850 mL)

풀이 (남은 참기름의 양)
= (처음에 있던 참기름의 양)
- (사용한 참기름의 양)
= 4 L 100 mL - 1 L 250 mL
= 2 L 850 mL

6 밀가루 6 kg 250 g 중에서 2 kg 850 g을 사용하여 빵을 만들었습니다. 남은 밀가루의 무게는 몇 kg 몇 g인가요?

(3 kg 400 g)

풀이 (남은 밀가루의 무게)
= (처음에 있던 밀가루의 무게)
- (사용한 밀가루의 무게)
= 6 kg 250 g - 2 kg 850 g
= 3 kg 400 g

7 사과가 한 상자에 17개씩 59상자 있고, 배가 한 상자에 23개씩 42상자 있습니다. 더 많은 과일은 무엇인가요?

(사과)

풀이 (사과 수) = 17×59 = 1003(개)
(배 수) = 23×42 = 966(개)
⇨ 1003 > 966이므로 더 많은 과일은 사과입니다.

8 가구별 콩 수확량을 조사하여 그림그래프로 나타내었습니다. 네 가구에서 수확한 콩은 모두 몇 kg인가요?

가구별 콩 수확량

가구	수확량
가	🌰🌰🌰🌰
나	🌰🌰🌰🌰
다	🌰🌰
라	🌰🌰

🌰 10 kg 🌰 1 kg

(93 kg)

풀이 (네 가구의 콩 수확량의 합)
= 24 + 32 + 16 + 21
= 93(kg)

102   103

MEMO

MEMO

대표전화 1544-0554
주소 서울특별시 구로구 디지털로33길 48 대륭포스트타워 7차 20층
협의 없는 무단 복제는 법으로 금지되어 있습니다.